Q.E.D.

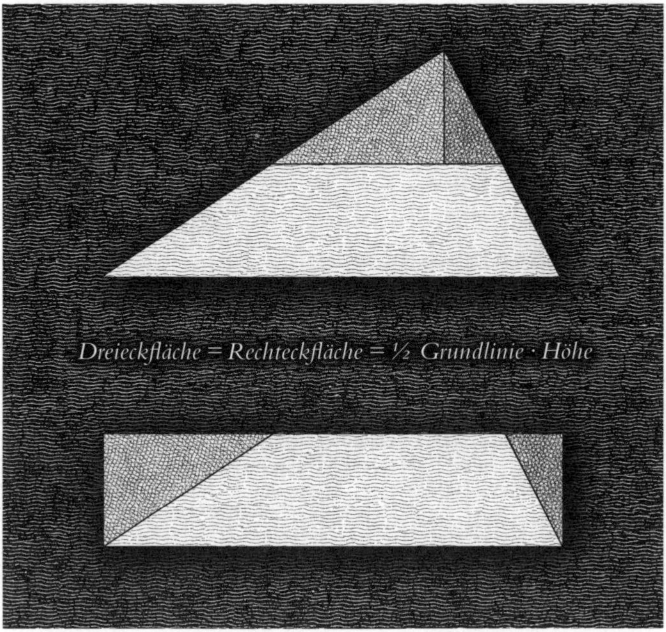

Originaltitel: *Q.E.D. Beauty in Mathematical Proof*
Originalverlag: Bloomsbury USA, New York

Bibliografische Information der Deutschen Nationalbibliothek
Die Deutsche Nationalbibliothek verzeichnet diese Publikation
in der Deutschen Nationalbibliografie;
detaillierte bibliografische Daten sind im Internet unter
http://dnb.d-nb.de abrufbar.

Artemis & Winkler Verlag, Mannheim
This translation published by arrangement with Bloomsbury USA,
a division of Diana Publishing, Inc.

Umschlagmotiv: © Bloomsbury – Walker & Co.
Umschlaggestaltung: © init . Büro für Gestaltung, Bielefeld
Printed in Austria
ISBN 978-3-538-07309-8
www.artemisundwinkler.de

SCHÖNHEIT DER MATHEMATIK

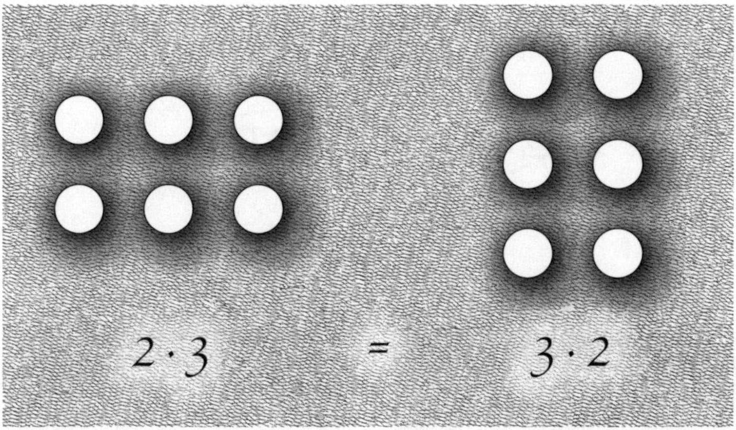

Burkard Polster

Aus dem Englischen übersetzt von
Michael Schmidt

Artemis & Winkler

in Liebe für Anu, die alles versteht …

Mein Dank gilt den vielen Mathematikern in Vergangenheit und Gegenwart, auf deren Ideen dieses Buch fußt. Ich danke Marty Ross und John Stillwell für ihre Kritik und ihre scharfsinnigen Kommentare. Vielmals danke ich schließlich John Martineau und Daud Sutton, meinen geduldigen Helfern und Komplizen beim Öffnen dieses optischen Strudels in die wunderschöne Welt der mathematischen Beweise.

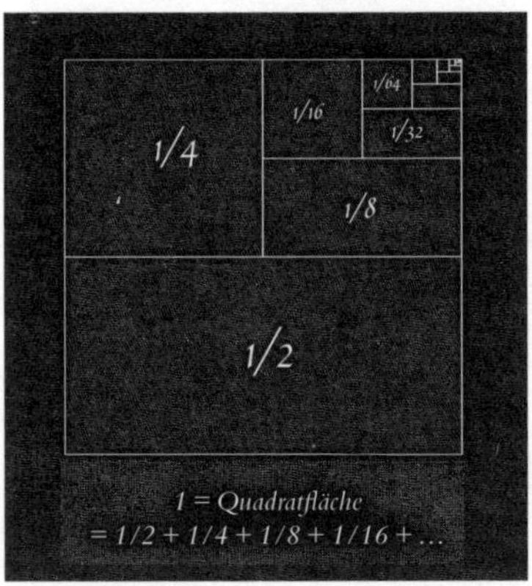

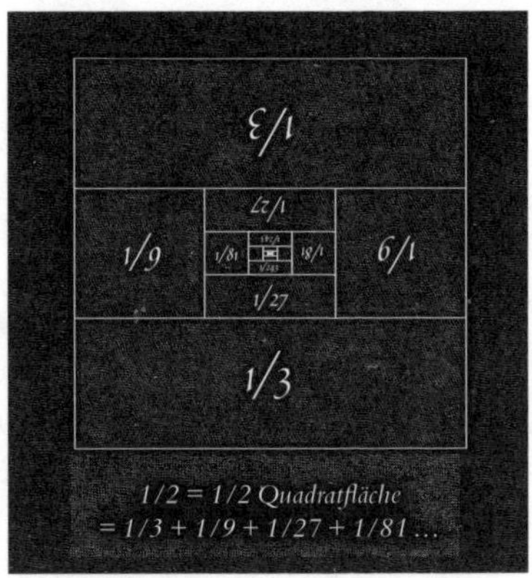

Zwei unendliche Summen – hübsch verpackt.

Inhalt

Dreieck *Quadrat* *Fünfeck* *Sechseck* *Siebeneck* *Achteck*

Ein regelmäßiges Polygon ist eine konvexe Figur mit gleichen Seiten und Winkeln. Es gibt unendlich viele regelmäßige Polygone.

Tetraeder *Oktaeder* *Ikosaeder* *Würfel* *Dodekaeder*

Ein reguläres Polyeder ist ein konvexer Körper mit identischen regelmäßigen Polygonen als Flächen, in dessen Ecken gleich viele Flächen zusammentreffen. Oben sind verschiedene Möglichkeiten dargestellt, drei oder mehr identische regelmäßige Polygone in einer Ecke zu verbinden und in drei Dimensionen zusammenzufalten. Diese Möglichkeiten, räumliche Ecken zu bilden, ergeben in fünf besonderen Fällen die berühmten fünf regulären Polyeder.

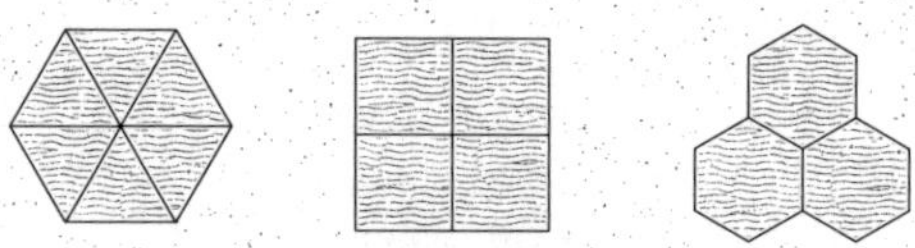

Nach der gleichen simplen Logik gibt es drei Parkettierungen der Ebene mit identischen regelmäßigen Polygonen.

Einleitung

Es gibt einige mathematische Phänomene, deren Schönheit jeder zu würdigen vermag. Gute Beispiele sind die regelmäßigen Polygone und Polyeder – nur Kreis und Kugel übertreffen sie an Vollkommenheit. Zu nennen wäre auch der Satz des Pythagoras, ein Eckstein unserer vom rechten Winkel geprägten Welt, und vielleicht noch die Kegelschnitte, die die Umlaufbahnen von Himmelskörpern beschreiben.

Nur ganz wenige Menschen verstehen mehr als einige elementare Aspekte mathematischer Schönheit, die sich großenteils nur Mathematikern in Studium und Entwicklung komplizierter Beweise offenbart und sich selbst hochgebildeten Geistern kaum erschließt.

Als Mathematiker verkünde ich, dass ich die Wahrheit eines Theorems ermittelt habe, indem ich ans Ende seiner Beweisführung *q.e.d.* schreibe, die Abkürzung der lateinischen Formulierung *quod erat demonstrandum* – »was zu beweisen war«. Zum einen ist *q.e.d.* ein Synonym für Wahrheit und Schönheit in der Mathematik, zum andern verweist es auf die scheinbare Unzugänglichkeit dieser uralten Wissenschaft.

Q.e.d. kann jedoch auch am Ende einiger simpler, verblüffender und optisch reizvoller Beweise stehen. Dieses Büchlein öffnet eine Schatzkiste dieser wunderbaren Juwelen, erkundet die Ideen hinter den mathematischen Beweisen beinahe nebenbei und ist für Leser geschrieben, die sich für die unter der Oberfläche verborgene Schönheit der Mathematik interessieren.

Trügerische Wahrheit

Worum es bei Beweisen geht

In der Mathematik können wir wie in den Naturwissenschaften experimentieren oder einige Fälle überprüfen, um zu einer Vermutung für ein Theorem zu kommen. Doch in der Mathematik ersetzen Experimente nicht den Beweis, egal, wie naheliegend die Vermutung ist. So ist etwa die maximale Anzahl von Flächen, die durch 1, 2, 3, 4, 5 und 6 Punkte auf einem Kreis begrenzt werden (unten), 1, 2, 4, 8, 16 und – 31, nicht 32!

Oder nehmen wir die Goldbach'sche Vermutung, dass jede gerade Zahl größer als 2 die Summe zweier Primzahlen ist, etwa $12 = 5 + 7$ oder $30 = 23 + 7$. Diese Vermutung wurde zwar für viele Millionen Fälle überprüft, doch solange sie nicht bewiesen ist, wissen wir nicht, ob der nächste zu überprüfende Fall nicht beweist, dass die Vermutung falsch ist.

Beweise sollten möglichst kurz, nachvollziehbar, elegant und scharfsinnig sein. Dies gilt für unseren Beweis (gegenüber oben), dass die Zahl 0,999... (mit unendlich vielen 9en) gleich 1 ist – und danach lässt sich jede Dezimalzahl mit diesen beunruhigenden unendlich wiederholten Stellen nach dem Komma leicht in eine Zahl umwandeln, bei der wir uns wohler fühlen. Der Beweis, dass das ausgesparte Schachbrett nicht mit Dominosteinen auszulegen ist (gegenüber Mitte), ist ein weiteres Beispiel. Natürlich gilt das Argument auch für andere verstümmelte Schachbretter.

Theorem: $1 = 0{,}999\ldots$

Beweis: Wenn $x = 0{,}999\ldots$, dann gilt

$$\begin{array}{rrl} & 10x = & 9{,}999\ldots \\ - & x = & 0{,}999\ldots \\ \hline = & 9x = & 9.000\ldots \end{array}$$

Somit: $x = 1{,}000\ldots$

q.e.d.

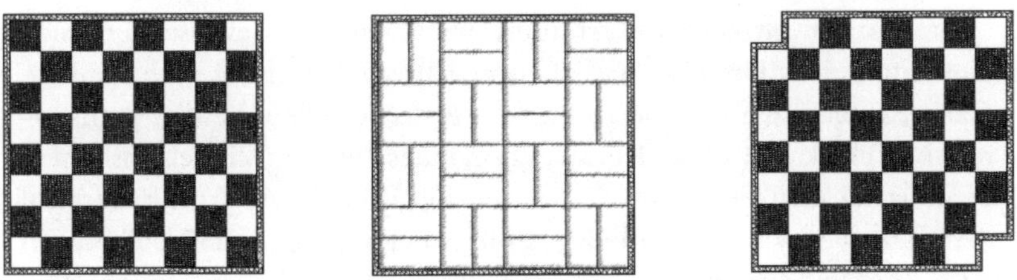

Ein Schachbrett kann man mit Dominosteinen auslegen, die je zwei Felder bedecken, das ausgesparte Brett aber nicht.

Beweis: Jeder Dominostein bedeckt ein weißes und ein schwarzes Feld. Daher deckt jede Parkettierung immer gleich viele weiße und schwarze Felder ab. Da das ausgesparte Brett zwei weiße Felder mehr hat, kann es nicht parkettiert werden. Q.e.d.

Der Satz des Pythagoras

Ein Beweis durch Zerlegen

Der Satz des Pythagoras (um 570/60 – um 510 v. Chr.) besagt, dass in einem rechtwinkligen Dreieck das Quadrat über der Hypotenuse oder langen Seite gleich der Summe der Quadrate über den anderen beiden Seiten ist (gegenüber oben). Heute wird das algebraisch so notiert: $a^2 + b^2 = c^2$.

Beweis: Vier rechtwinklige Dreiecke mit den Seiten a, b und c werden in einem Quadrat mit der Seite $a + b$ so angeordnet, dass zwei Quadrate mit den Seiten a bzw. b verbleiben (gegenüber Mitte links). Die Dreiecke lassen sich im großen Quadrat auch so anordnen, dass ein zentrales Quadrat mit der Seite c entsteht (gegenüber Mitte rechts). Die Fläche der inneren Quadrate ist gleich dem großen Quadrat minus viermal das Dreieck. Daher ist die Summe der kleineren Quadrate, $a^2 + b^2$, gleich dem großen Quadrat, c^2. *Q.e.d.*

Umgekehrt gilt, und dies erfordert einen weiteren Beweis: Wenn sich die Seiten eines Dreiecks wie oben verhalten, dann ist es rechtwinklig. Ganze Zahlen, die die Gleichung $a^2 + b^2 = c^2$ erfüllen, heißen pythagoreische Tripel. Die antike Konstruktion eines rechten Winkels aus einem Schnurring mit $3 + 4 + 5 = 12$ Knoten in gleichem Abstand basiert auf dem Tripel $3 : 4 : 5$ (unten links). Eine babylonische Tontafel, Plimpton 322, enthält Zahlenpaare, die pythagoreischen Tripeln entsprechen (unten rechts) – unser Theorem war wohl lange vor Pythagoras bekannt.

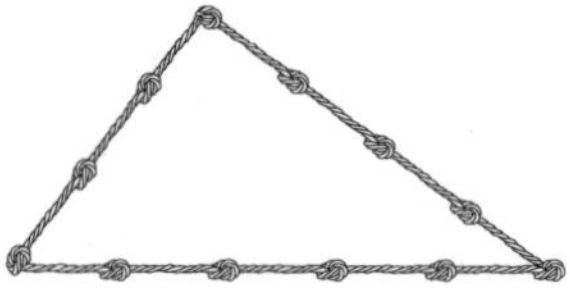

$65^2 + 72^2 = 97^2$

$119^2 + 120^2 = 169^2$

$319^2 + 360^2 = 481^2$

$2291^2 + 2700^2 = 3541^2$

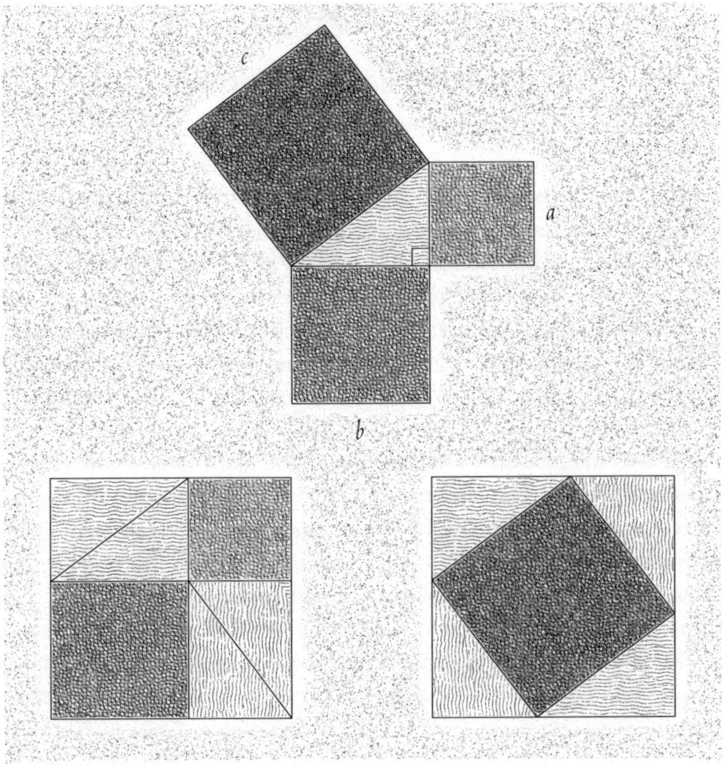

Wenn wir statt Quadraten drei andere gleiche Figuren an die Seiten des rechtwinkligen Dreiecks anlegen, können wir ebenfalls beweisen, dass die Summe der Flächen der kleineren Figuren gleich der Fläche der größten Figur ist.

Flach und simpel

– *Ihr Theorem-Grundbaukasten*

Die *Elemente* von Euklid (um 360–280 v. Chr.) setzten in der Antike den Maßstab für mathematische Strenge, und der Inhalt dieses seither beliebten Werks zählt zu unserem gemeinsamen kulturellen Erbe.

In 13 Büchern schuf Euklid ein immer komplexeres Netz von Theoremen, die durch logische Argumente verknüpft sind und in intuitiven Fakten wurzeln, den *Axiomen* oder *Postulaten*. Um sich für die folgenden Kapitel zu wappnen, befassen Sie sich zunächst mit den vier simplen Resultaten auf Seite 13 außen und leiten, den Pfeilen folgend, die Theoreme links ab.

Außerdem müssen Sie zwei der vier Ähnlichkeitssätze von Dreiecken kennen: Zwei Dreiecke sind einander »ähnlich«, wenn sie die gleichen Winkel haben. Da zwei Winkel in einem Dreieck den dritten bestimmen, wissen Sie, dass zwei Dreiecke ähnlich sind, wenn Sie beweisen können, dass sie zwei Winkel gemeinsam haben. Zwei Dreiecke sind »kongruent«, wenn sie gleiche Seiten haben. Dies ist der Fall, wenn beide Dreiecke in einer der fünf Konfigurationen (unten) übereinstimmen. Die beiden grauen Dreiecke (unten rechts) haben eine solche gemeinsame Konfiguration, bestehend aus den Seiten *r* und *m* und einem rechten Winkel, und sind somit kongruent. Daher haben auch die zwei Tangentenabschnitte *s* und *t* die gleiche Länge.

3 Seiten

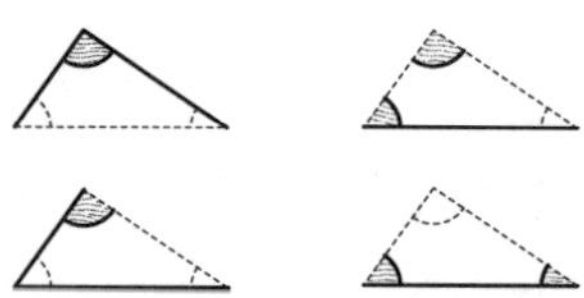

2 Seiten und 1 Winkel *1 Seite und 2 Winkel*

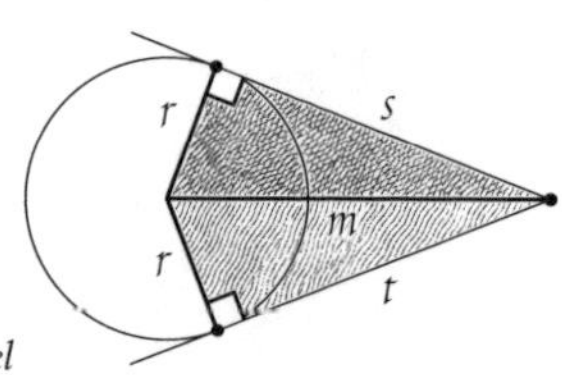

Die Winkelsumme in einem Dreieck

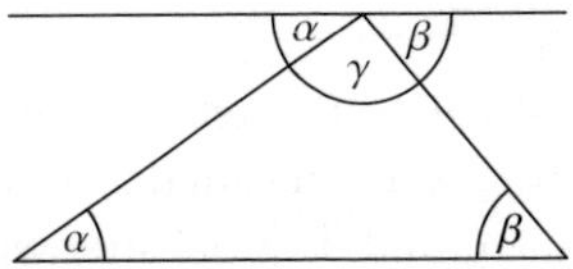

Die Summe der Innenwinkel eines Dreiecks ist $\alpha + \beta + \gamma = 180°$

Der Satz des Thales

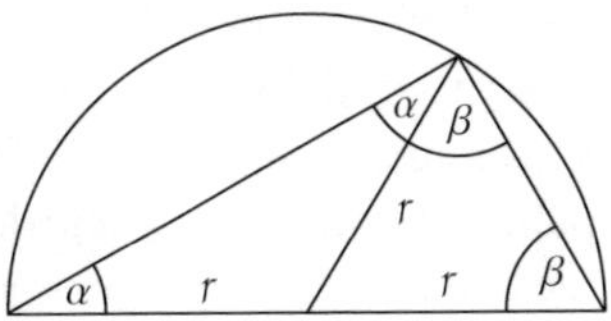

Der Winkel (oben) über der Hypotenuse beträgt $\alpha + \beta = 90°$.

Quadratur eines Rechtecks

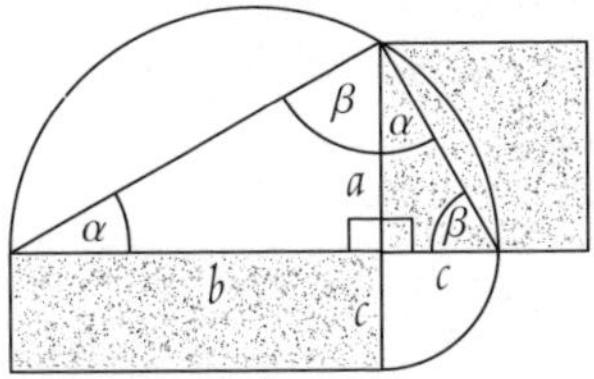

Quadratfläche = $a^2 = b \cdot c$ = Rechtecksfläche (bei Ähnlichkeit der Dreiecke verhält sich a/c wie b/a).

Wenn die Geraden k und l Parallelen sind,

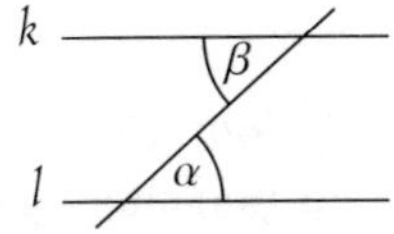

dann ist $\alpha = \beta$.

Wenn

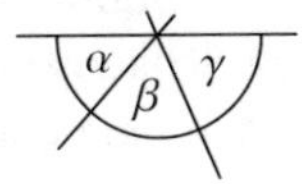

dann ist $\alpha + \beta + \gamma = 180°$.

Wenn $a = b$,

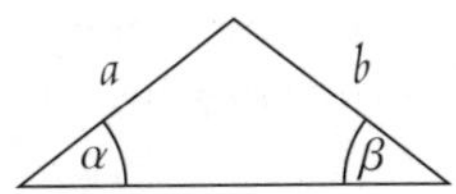

dann ist $\alpha = \beta$ und andersrum.

In ähnlichen Dreiecken

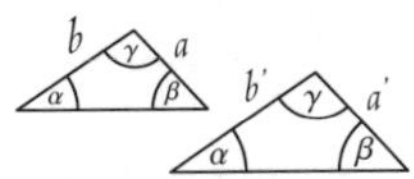

verhält sich $a/a' = b/b'$.

Von der Pizza zu Pi

Geheimnisse des Kreises

Eratosthenes (um 276 – 194 v. Chr.) ist berühmt für seine Pizzateilungsmethode zur Berechnung des Erdumfangs, basierend auf der Entfernung von Alexandria nach Syene (heute Assuan) und dem Schattenwinkel in Alexandria zu einem Zeitpunkt, als die Sonne in einen Brunnen in Syene schien und keinen Schatten warf. Mit Hilfe der Formel *Kreisdurchmesser* $\cdot\, \pi =$ *Kreisumfang* berechnete er auch den Erddurchmesser. Zum Glück konnte sein Brieffreund Archimedes (287 – 212 v. Chr.) einen guten Schätzwert für π ermitteln.

Da π der Umfang eines Kreises mit dem Durchmesser 1 ist, ist er größer als der Umfang des eingeschriebenen und kleiner als der Umfang eines umfassenden regelmäßigen Polygons (gegenüber oben). Je mehr Seiten das Polygon hat, desto mehr nähert sich sein Umfang dem des Kreises. Glücklicherweise lässt sich aus dem Umfang eines solchen Polygons leicht der Umfang eines gleichartigen Polygons mit doppelt so vielen Seiten berechnen (gegenüber Mitte). Beginnend mit regelmäßigen Sechsecken berechnete Archimedes nacheinander die Umfänge regelmäßiger 12-, 24-, 48- und 96-Ecke und legte π zwischen $3\,^{10}/_{71}$ und $3\,^{10}/_{70}$ fest. Der letzte dieser Werte ist gleich $^{22}/_{7}$ und wird selbst heute noch in vielen Schulbüchern statt dem wahren Wert von π verwendet. Nimmt man Quadrate statt Sechsecke, ergibt sich eine Formel zur Annäherung an π (gegenüber unten).

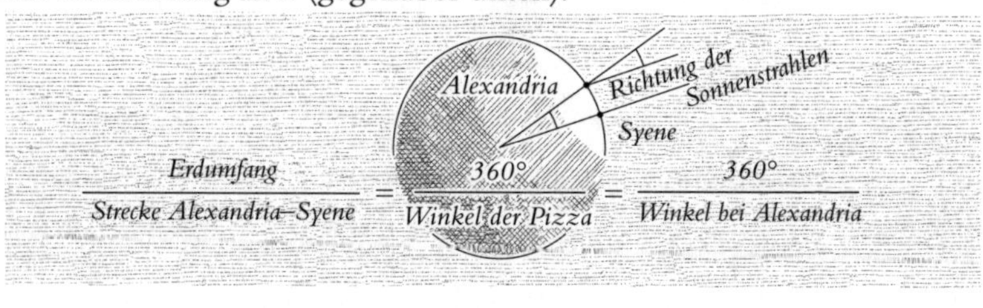

Umfang des eingeschriebenen Sechsecks $= 6\ (1/2) = 3$ $<$ *Umfang des Kreises* $= \pi$ $<$ *Umfang des umschreibenden Sechsecks* $= 6 \cdot r = 2\sqrt{3} = 3{,}4641\ldots$

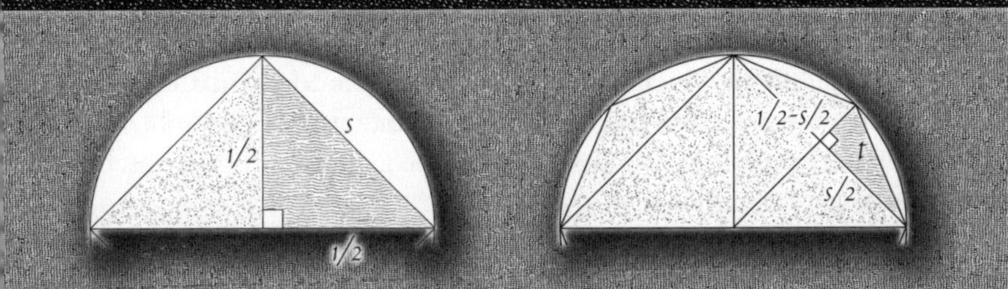

Wenden Sie den Satz des Pythagoras einmal je rechten Winkel an, um die Längen der Seiten s und t zu berechnen. Dann ist

Umfang Quadrat $= 4 \cdot s = 2\sqrt{2}$ *Umfang Achteck* $= 8 \cdot t = 4\sqrt{2\ \sqrt{2}}$

Der Umfang eines eingeschriebenen regelmäßigen Polygons mit 2^n *Seiten ist (mit n-1 ineinandergeschachtelten Wurzeln)*

$$2^{n-1}\sqrt{2-\sqrt{2+\sqrt{2+\ldots+\sqrt{2}}}}$$

Cavalierisches Prinzip

Ein Beweis durch Annäherung in Schnitten

Es gibt zwei Versionen des berühmten Prinzips, das nach Bonaventura Cavalieri (1598–1647) benannt ist. Für zweidimensionale Figuren besagt es: Zerteilen horizontale Linien zwei solcher Figuren in gleich lange Schnitte, dann haben beide Figuren die gleiche Fläche. Und wenn zwei Körper in Schnitte mit gleichen Flächen zerteilt werden können, haben beide Körper das gleiche Volumen.

Auf der Seite gegenüber wird dieser Beweis durch Annäherung in Schnitten dargestellt. Cavalieris Prinzip ist ein gutes Beispiel für ein »Teile (in handliche Stücke) und herrsche« in der Mathematik. So vereinfachen wir in der Zweidimensionalität das schwierige Problem der Berechnung von Flächen, indem wir nur die Länge von Linienabschnitten messen.

Unten stehen einige wichtige Flächen- und Volumenformeln, die sich leicht mit Hilfe des Cavalierischen Prinzips ableiten lassen.

Fläche Parallelogramm = Fläche Rechteck bei gleicher Länge und Breite = Länge · Breite
Fläche Dreieck = 1/2 Fläche Parallelogramm = 1/2 Länge · Breite

Volumen Prisma oder Zylinder = Volumen Kasten mit gleicher Grundfläche und Höhe = Grundfläche · Höhe

Jede Horizontale teilt die beiden Figuren in gleich lange Schnitte.

Daher sind diese beiden Rechtecke kongruent.

Daher haben die beiden Stapel von Rechtecken die gleiche Fläche.

Feinere Schnitte ergeben Stapel, deren Fläche sich der der Originale annähert.

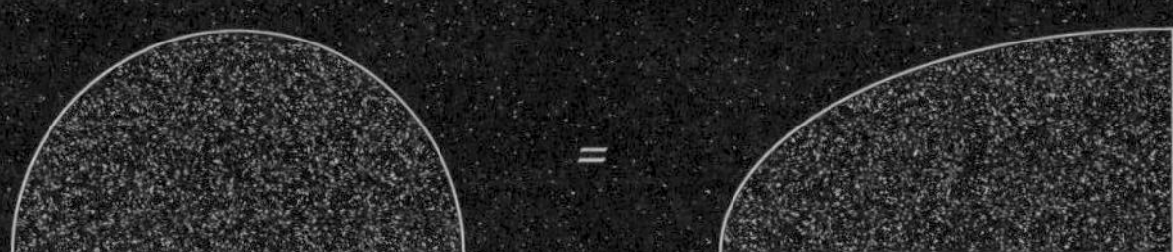

Unendlich viele Schnitte …

Cavalieris Kegelschnitte

Komplexe Zerlegungsformen

Kegel gibt es in jeder Form und Größe: Sandhaufen, Schneckenhäuser, Pyramiden, Kirchturm- und Kristallspitzen. Jeder Kegel hat einen Scheitel oder eine Spitze und eine Grundfläche, die jede zweidimensionale Figur sein kann.

Wir wollen beweisen, dass die Formel für das Volumen eines Kegels ⅓ · *Grundfläche* · *Höhe* lautet. Dafür stellen wir uns die Kegelspitze als Lichtquelle vor. Ein kleines Schattenspiel (gegenüber oben) veranschaulicht, dass Kegel mit gleicher Höhe und Grundfläche von jeder horizontalen Ebene in gleich große Flächen zerschnitten werden. Nach dem Cavalierischen Prinzip (siehe S. 16) haben all diese Kegel das gleiche Volumen. Daher genügt es, das Volumen eines dieser Kegel zu berechnen, etwa der rechtwinkligen Pyramide (gegenüber Mitte). Sie und die anderen zwei Pyramiden verbinden sich zum Dreiecksprisma. Da alle drei Pyramiden das gleiche Volumen haben, ist dieses Volumen ein Drittel des Prismavolumens. *Q.e.d.*

Um einen Würfel in sechs Pyramiden mit gleichem Volumen zu zerlegen, zerschneiden wir ihn mit einer diagonalen Ebene in zwei Dreiecksprismen und diese dann in je drei Pyramiden. Oder wir zerschneiden den Würfel in drei identische Quadratpyramiden (gegenüber unten) und diese dann jeweils in eine Pyramide P_3 und ihr Spiegelbild. Aus Papier gefertigt ergeben diese sechs Teile ein hübsches Puzzle.

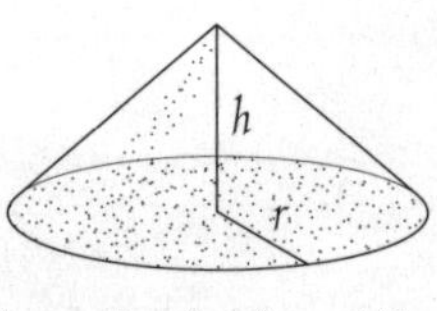

Volumen Sandhaufen = $1/3\,\pi r^2 h$

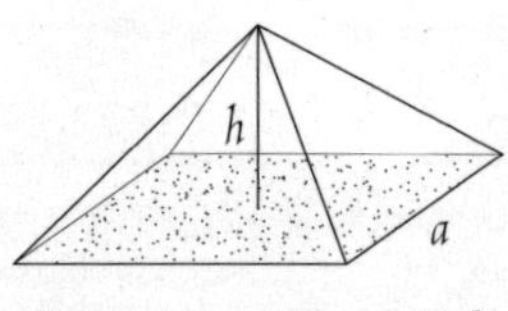

Volumen Pyramide = $1/3\,a^2 h$

Ein punktförmiges Leuchtfeuer projiziert Figuren mit gleicher Fläche in einer Ebene als Figuren mit gleicher Fläche in jede parallele Ebene – daher haben die zwei Kegel das gleiche Volumen.

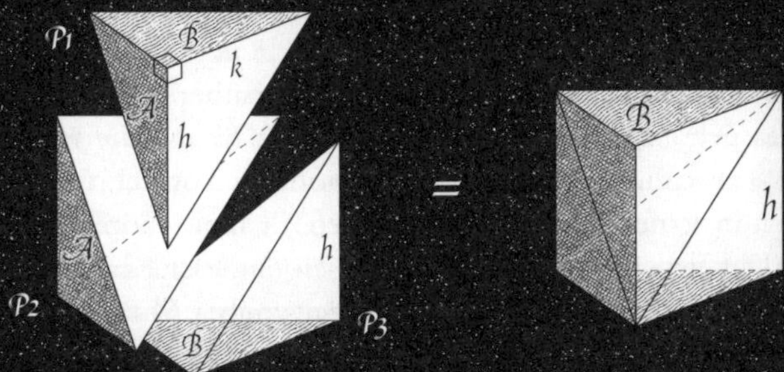

Die Pyramiden P_1 und P_2 haben die gleiche Grundfläche A und die gleiche Höhe k.
P_1 und P_3 teilen sich Grundfläche B und Höhe h.
Volumen von P_1 = Volumen von P_2 = Volumen von P_3 = 1/3 Volumen Prisma
= 1/3 Grundfläche · Höhe = 1/3 B · h.

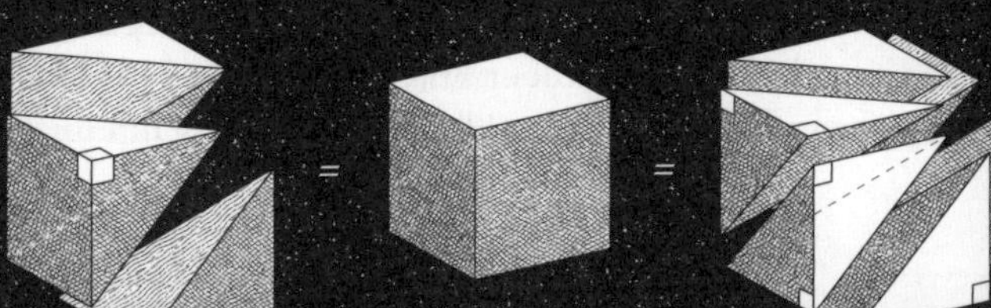

Zerlegen eines Würfels in drei identische quadratische Pyramiden (links) und sechs Dreieckspyramiden P_3 (rechts).

Ein stupender Stumpf

Pferde und Burggrabenwände

Viele alte Manuskripte enthalten Algorithmen zur Berechnung der Flächen oder Volumina geometrischer Figuren, aber nicht alle alten Formeln sind korrekt. Nach einer babylonischen Quelle beträgt das Volumen eines Pyramidenstumpfes $(\frac{1}{2}(a+b))^2h$, während im ägyptischen Rhind-Papyrus (um 1800 v. Chr.) steht, die Nachkommen der Pyramidenerbauer hätten die korrekte Version: $\frac{1}{3}(a^2+ab+b^2)h$ verwendet.

Eine der ältesten erhaltenen chinesischen mathematischen Abhandlungen, das *Jiuzhang Suanshu* 九章算術 (*Arithmetik in neun Büchern*, um 50 v. Chr.), erwähnt ebenfalls diese Version der Formel, und Liu Hui 劉徽 liefert in seinem Kommentar (um 263) einen schönen Beweis für sie. Er zerlegt den Stumpf 方亭 oder *fangting* (»Quadratpavillon«) in neun Teile: vier identische Pyramiden oder *yangma* 陽馬 (Rösser), vier Prismen oder *qiandu* 塹堵 (»Burggrabenwände«) und eine rechteckige Kiste. Alle neun Körper lassen sich zu einer Kiste und einer Pyramide kombinieren. Die Volumina dieser Teile ergeben zusammen das Volumen des Stumpfes (gegenüber oben).

Dieser Beweis setzt die Kenntnis der Formel für das Volumen einer quadratischen Pyramide (siehe S. 18) voraus, doch wir können diese Formel mit unserem zerlegten Stumpf und einem eleganten Zirkelschluss wiederentdecken (gegenüber unten).

Weitere Körpervolumina aus Liu Huis Kommentar (unten):

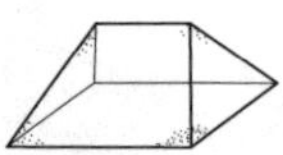

芻甍 *chumeng*
Futterspeicher

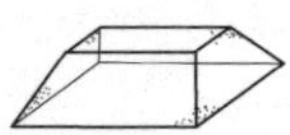

芻童 *chutong*
Futterbursche

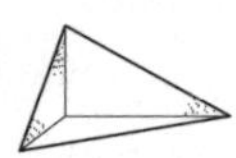

鱉臑 *bienao*
Schildkrötenschultergelenk

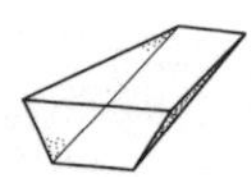

羨除 *xianchu*
Ablaufrinne

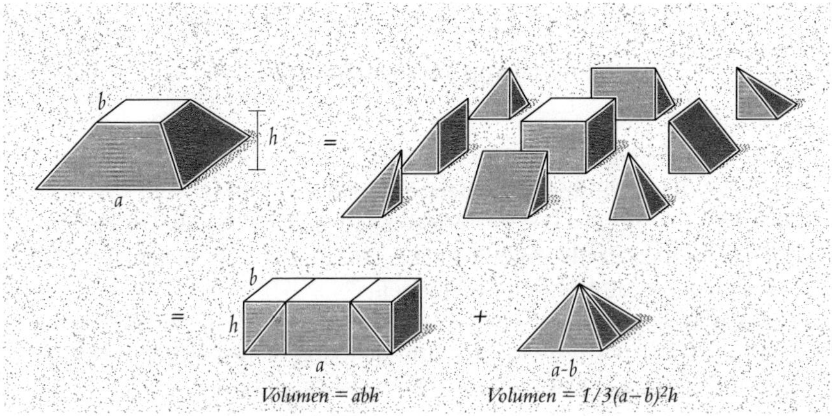

Liu Hui zerlegt den Stumpf in neun Teile: eine rechteckige Kiste, vier identische Pyramiden und vier Prismen, die sich zu einer Kiste und einer Pyramide neu kombinieren lassen, mit den Volumina abh bzw. $1/3(a-b)^2h$*. In der Addition ergeben sie das Volumen des Stumpfes:* $1/3(a^2+ab+b^2)h$*.*

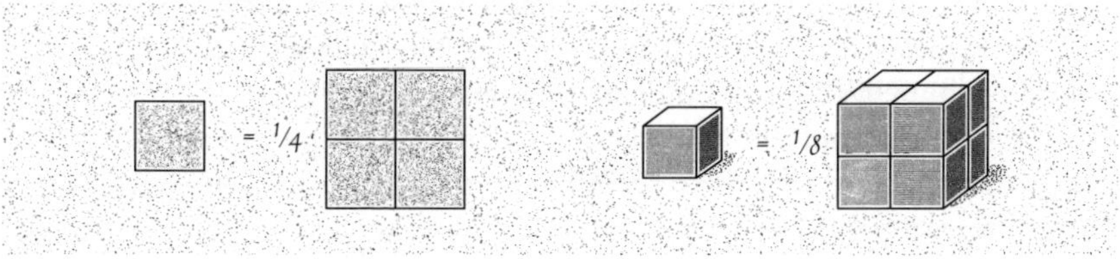

Verdoppelt man die Linienlängen einer ebenen Figur oder eines Körpers, ergibt dies die vierfache Fläche bzw. das achtfache Volumen. Damit können wir eine Pyramide wie unten in halber Höhe zerlegen.

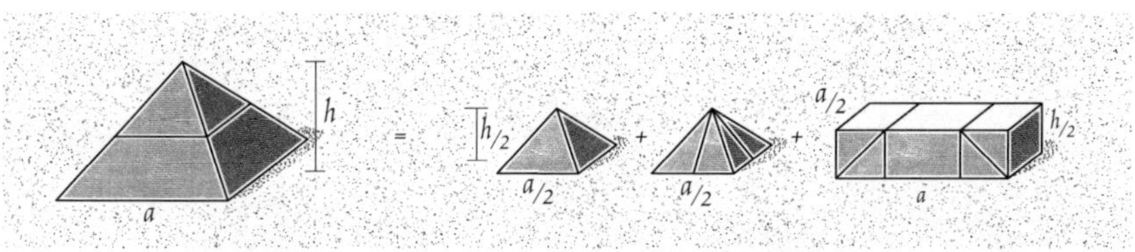

Volumen der Pyramide (v) = zwei Pyramiden mit 1/8 Volumen + $a/2 \cdot h/2 \cdot a$*.*
Also ist $3/4v = 1/4a^2h$*, d. h., das Volumen der Pyramide ist* $(v) = 1/3a^2h$*.*

ARCHIMEDES' THEOREME

Geheimnisse der Kugel

Archimedes bewies, dass das Volumen einer Kugel zwei Drittel des Volumens des kleinsten Zylinders ist, in den sie passt, und dass ihre Oberfläche so groß ist wie die Wand des Zylinders. Von diesen Zusammenhängen war der Philosoph so angetan, dass er sich in seinen Grabstein eine Kugel im Zylinder meißeln ließ.

Gegenüber leiten wir mit Hilfe des Cavalierischen Prinzips (siehe S. 16) die Formel $4/3\,\pi r^3$ für das Volumen einer Kugel mit dem Radius r ab und bestätigen damit Archimedes' erste Entdeckung.

Und nun etwas echt Magisches: Wir projizieren jeden Punkt der Kugel, außer den Polen, auf einen anderen Punkt am Zylinder (siehe unten). Dann lässt sich beweisen, dass jedes Areal auf der Kugel auf ein Areal mit gleicher Fläche auf dem Zylinder passt. Umfasst das Areal die ganze Kugel, folgt daraus, dass ihr Abbild der Zylinder ist, und damit wird Archimedes' zweite Entdeckung bestätigt.

Ersetzen wir nun die Kugel durch einen Globus, projizieren ihn auf den Zylinder und schneiden diesen auf, erhalten wir eine höchst nützliche flächentreue Karte der Erde.

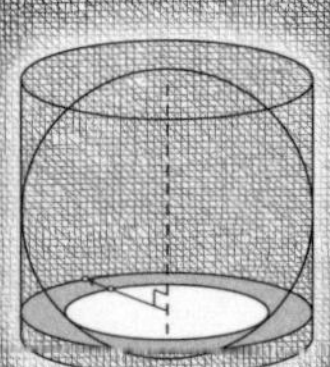

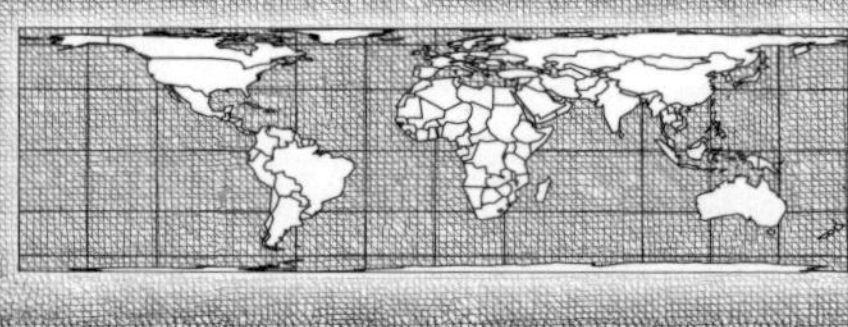

Johann H. Lamberts (1728–1777) flächentreue Karte

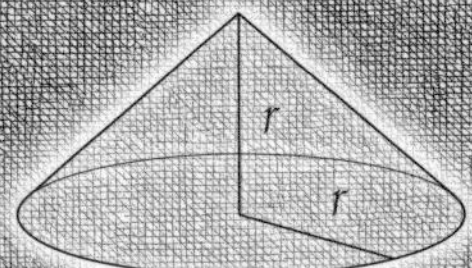

Kegelvolumen = $1/3\pi r^3$

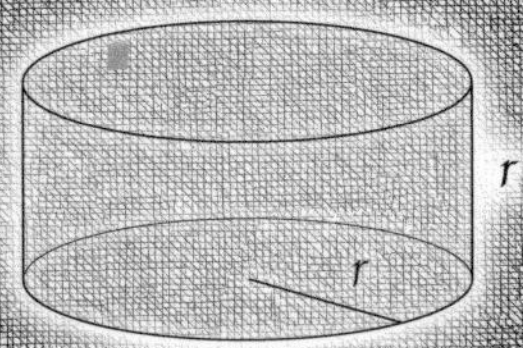

Zylindervolumen = πr^3

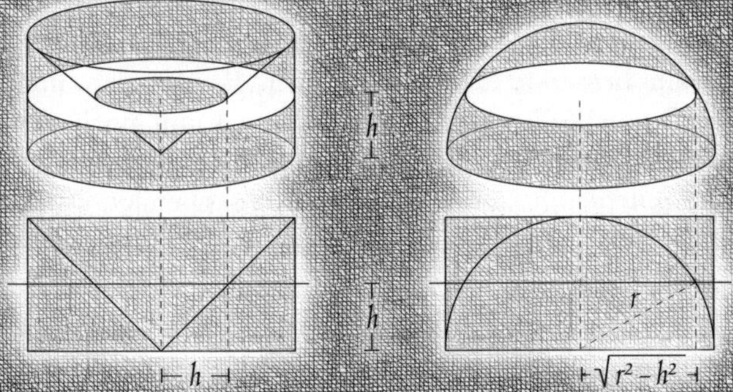

Ringfläche = $\pi r^2 - \pi h^2$ = $\pi(r^2-h^2)$ = Kreisfläche

Da die Ringfläche gleich der Kreisfläche ist, ergibt sich nach dem Cavalierischen Prinzip, dass die Halbkugel und der Zylinder minus dem Kegel das gleiche Volumen haben.

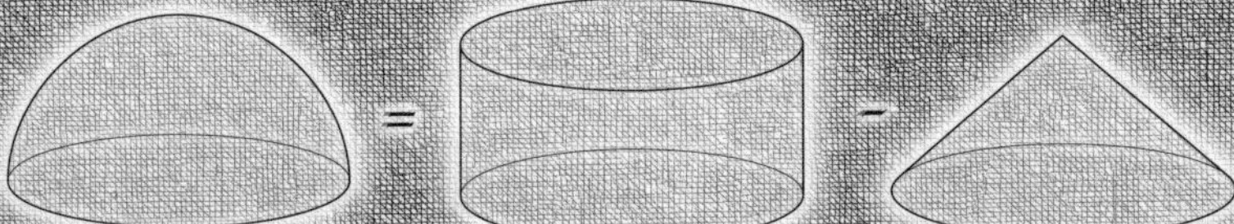

Halbkugelvolumen = Zylindervolumen – Kegelvolumen = $\pi r^3 - 1/3\pi r^3 = 2/3\pi r^3$

Kugelvolumen = 2 Halbkugelvolumina = $4/3\pi r^3$

Innen und aussen

Zwei Beweise mit Keilen

Archimedes bewies, wie man mathematisch zwei Fliegen mit einer Klappe schlägt, indem er mit einer genialen Idee die Innen- und Außenseiten von Kreisen und Kugeln zueinander in Beziehung setzte. Hier seine These.

Zuerst zerteilte er den Kreis mit dem Radius *r* in eine Reihe gleich großer Keile (gegenüber oben) und ordnete sie zu einer fast rechteckigen Platte an. Dann bemerkte er, dass, wenn man dies mit einer immer größeren Anzahl von Keilen tut, sich die Platte kaum noch von einem Rechteck unterscheiden lässt, dessen kurze Seite die Länge *r* hat und dessen lange Seite den halben Umfang des Kreises beträgt. Daher stimmt die Rechteckfläche mit der Kreisfläche überein, so dass sich folgende Formel ergibt:

Kreisfläche = 1/2 · Kreisumfang · r.

Zum gleichen Ergebnis gelangen wir, wenn wir die Fläche der Sägezahnfigur berechnen – eines der Dreiecke hat die Fläche *½ · Grundlinie des Dreiecks (=Hypotenuse) · r*, und die Summe der Hypotenusen ist gleich dem Kreisumfang.

Um eine ähnliche Formel für eine Kugel mit dem Radius *r* abzuleiten, zerlegte Archimedes sie in dreieckige Kegel, deren gemeinsame Spitze der Mittelpunkt der Kugel ist und deren Grundflächen die Kugeloberfläche bilden (gegenüber unten). Diese Kegel spielen quasi die Rolle der Dreiecke in der Sägezahnfigur, und da (laut S. 18) das Volumen eines dieser Kegel *1/3 · Grundfläche · r* ist, bekommen wir die Formel:

Kugelvolumen = 1/3 · Kugeloberfläche · r.

Zum großen Finale packen wir die Formeln für den Umfang eines Kreises mit dem Radius *r* und das Volumen einer Kugel mit dem Radius *r* (siehe S. 22) zusammen und erfahren abschließend, dass die Kreisfläche πr^2 und die Kugeloberfläche $4\pi r^2$ beträgt.

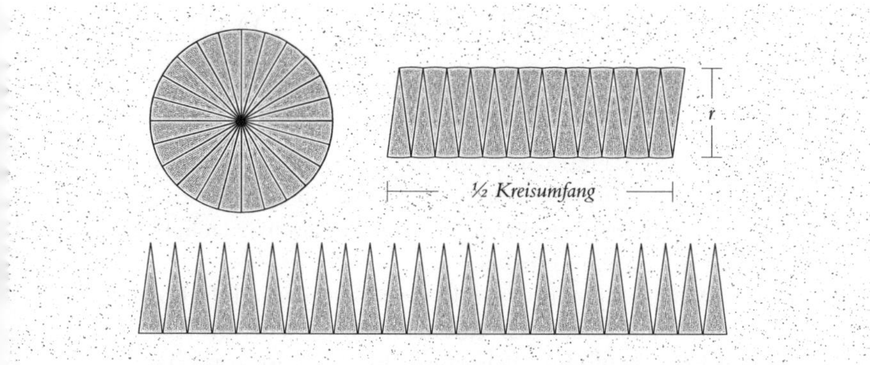

Kreisfläche = Fläche aller Keile = ½ · Kreisumfang · r

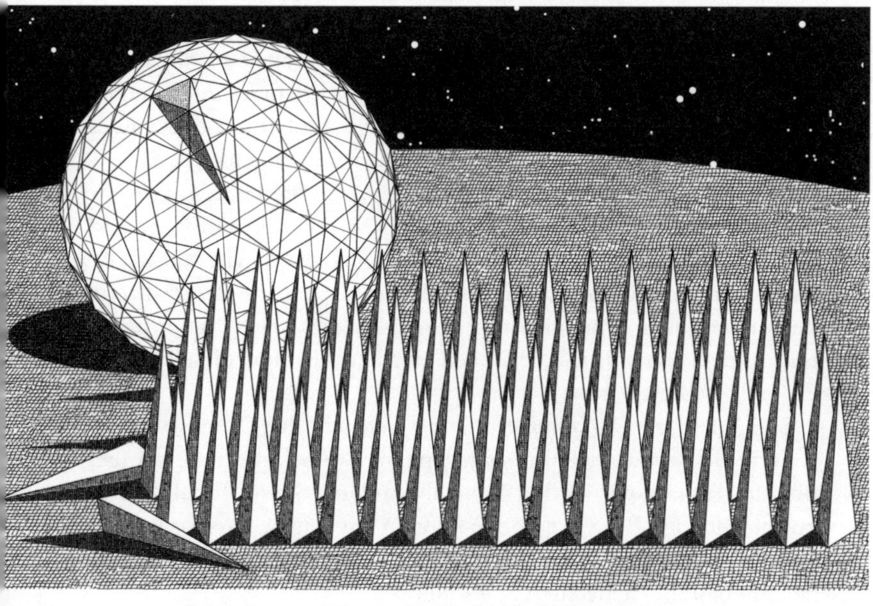

Kugelvolumen = Volumen aller Kegel = ⅓ · Kugeloberfläche · r

MATHEMATISCHES DOMINO

Beweise durch Induktion

Wir stellen eine Reihe von Dominosteinen – für jede natürliche Zahl einen – so auf, dass, wenn Stein n umfällt, auch Stein $n+1$ umfällt. Stoßen wir nun den ersten Stein um, können wir sicher sein, dass schließlich jeder Stein umfallen wird.

In der Mathematik entspricht das dem Beweis durch Induktion. Statt der Dominosteine haben wir eine unendliche Zahl von Aussagen, für jede natürliche Zahl eine. Wir können sicher sein, dass alle Aussagen wahr sind, wenn wir beweisen können, dass die erste Aussage wahr ist *und* die Wahrheit von Aussage n die Wahrheit von Aussage $n+1$ impliziert.

Die drei Reihen von Zeichnungen (gegenüber) zeigen, dass die ersten drei dem Theorem entsprechenden Aussagen einander implizieren:

THEOREM: Jedes $2^n x 2^n$-Brett, in dem ein Einheitsquadrat ausgespart ist, ist mit L-Formen aus drei Einheitsquadraten zu parkettieren.

INDUKTIONSBEWEIS: Da ein ausgespartes $2 x 2$-Brett eine L-Form ist, ist das Theorem wahr für $n = 1$. Angenommen, Aussage n ist wahr und wir haben ein irgendwo ausgespartes $2^{n+1} x 2^{n+1}$-Brett, so vierteln wir es und entfernen drei mittlere Quadrate, um vier ausgesparte $2^n x 2^n$-Bretter zu bekommen. Der Annahme nach lassen sich diese vier Bretter parkettieren, und die vier Parkettierungen ergeben ein und dieselbe auf dem $2^{n+1} x 2^{n+1}$-Brett. *Q.e.d.*

Einige andere Umfallmuster lassen sich wie der Domino-Effekt auf weitere Beweismethoden übertragen. Im Dreiecksmuster etwa (gegenüber unten) lässt der vordere Stein alle anderen Steine umfallen. Mit der entsprechenden Beweismethode können wir zeigen, dass das nach Blaise Pascal (1623–1662) benannte »Pascalsche Dreieck« aus Binomialkoeffizienten besteht (siehe auch S. 48 und 60).

Jedes ausgesparte 2x2-Brett lässt sich mit L-Formen parkettieren.

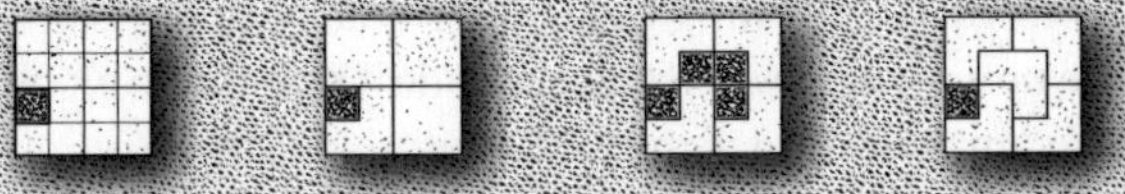

Um zu zeigen, dass ein beliebig ausgespartes 4x4-Brett sich parkettieren lässt, vierteln wir es und entfernen drei Mittelquadrate, um vier ausgesparte 2x2-Bretter zu erhalten, und eine Parkettierung entsteht. Gleiches gilt für den nächsten Fall.

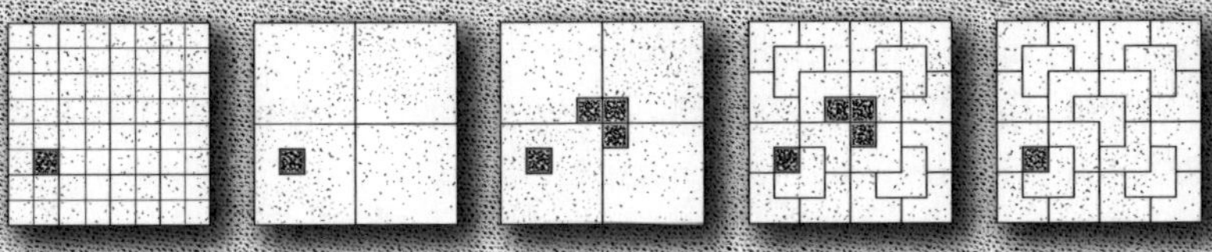

Um zu zeigen, dass ein beliebig ausgespartes 8x8-Brett sich parkettieren lässt, vierteln wir es und entfernen drei Mittelquadrate, um vier ausgesparte 4x4-Bretter zu erhalten. Die Parkettierungen dieser vier Bretter ergeben eine einzige auf dem 8x8-Brett.

$$
\begin{array}{ccccccccc}
 & & & & 1 & & & & \\
 & & & 1 & & 1 & & & \\
 & & 1 & & 2 & & 1 & & \\
 & 1 & & 3 & & 3 & & 1 & \\
1 & & 4 & & 6 & & 4 & & 1
\end{array}
\qquad
\begin{array}{ccccccccc}
 & & & & \binom{0}{0} & & & & \\
 & & & \binom{1}{0} & & \binom{1}{1} & & & \\
 & & \binom{2}{0} & & \binom{2}{1} & & \binom{2}{2} & & \\
 & \binom{3}{0} & & \binom{3}{1} & & \binom{3}{2} & & \binom{3}{3} & \\
\binom{4}{0} & & \binom{4}{1} & & \binom{4}{2} & & \binom{4}{3} & & \binom{4}{4}
\end{array}
$$

Der Beweis, dass die Zahlendreiecke gleich sind, entspricht dem Umfallmuster links. In beiden Zahlendreiecken ist jeder Eintrag die Summe der zwei Einträge darüber und $1 = \binom{0}{0}$.

Die unendliche Treppe

Ein Beweis durch Umgruppieren

In einem klassischen Paradoxon werden eine Reihe von identischen Ziegeln wie in der Zeichnung gegenüber aufeinandergestapelt. Es lässt sich leicht beweisen, dass die sich ergebende Treppe so weit vorragt, wie wir wollen, wenn wir immer mehr Ziegel hinzufügen.

Eine Treppe aus n Ziegeln mit der Länge 2 ragt um so viel vor:

$$1+\frac{1}{2}+\frac{1}{3}+\frac{1}{4}+\cdots+\frac{1}{n}$$

Wir wollen nun beweisen, dass sich die obige Summe unendlich annähert, wenn n sich unendlich annähert.

Beweis: Zuerst gruppieren wir die unendliche Summe folgendermaßen:

$$1+\frac{1}{2}+(\frac{1}{3}+\frac{1}{4})+(\frac{1}{5}+\frac{1}{6}+\frac{1}{7}+\frac{1}{8})+(\frac{1}{9}+\frac{1}{10}+\frac{1}{11}+\frac{1}{12}+\frac{1}{13}+\cdots$$

Dann ersetzen wir jeden Term durch eine kleinere oder gleich große Zahl, so dass die neue Summe kleiner als die Ausgangssumme ist oder gleich groß. Wir sehen nun, dass die Ersatzsummen unendlich ergeben:

$$1+\frac{1}{2}+\underbrace{(\frac{1}{4}+\frac{1}{4})}+\underbrace{(\frac{1}{8}+\frac{1}{8}+\frac{1}{8}+\frac{1}{8})}+\underbrace{(\frac{1}{16}+\frac{1}{16}+\frac{1}{16}+\frac{1}{16}+\frac{1}{16}+\cdots}$$

$$=1+\frac{1}{2}+\frac{1}{2}+\frac{1}{2}+\frac{1}{2}+\cdots$$

Das bedeutet: Auch die Ausgangssumme ist unendlich. *Q.e.d.*

Beachten Sie, dass die Treppe ebenfalls unendlich hoch wird, während sie unendlich breit wird, und dass es sehr schnell ganz knifflig wird, sie konkret zu erbauen, da die Überstände der Ziegel immer kürzer werden.

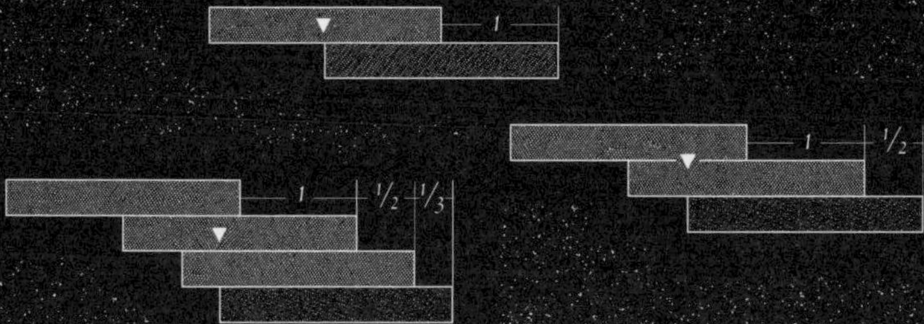

Um eine Treppe mit maximalem Überhang zu errichten, die nicht umfällt, bauen wir sie so von oben nach unten, dass bei jeder Stufe der Schwerpunkt dessen, was wir bislang erbauten, auf der Vorderkante des nächsten Ziegels ruht.

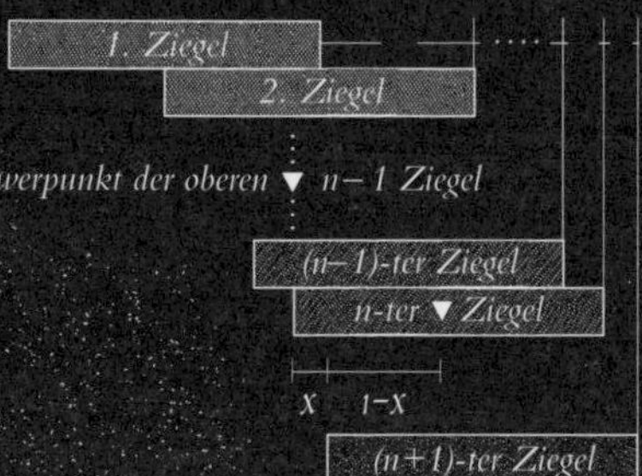

Rein physikalisch wissen wir, dass die Kante x, die die Position des Schwerpunkts der ersten n Ziegel markiert, folgende Gleichung erfüllt: $x \cdot (\text{Gewicht } n-1 \text{ Ziegel}) = (1-x) \cdot (\text{Gewicht eines Ziegels})$ *oder* $x \cdot (n-1) = 1-x$. *Nach x aufgelöst:* $x = 1/n$.

Vom Kreis zur Zykloide

Ein Beweis durch Zerlegen

Zeichnen Sie ein regelmäßiges Polygon unter einer Linie, markieren eine obere Ecke und rollen es an der Linie ab. Sobald eine Seite des Polygons an der Linie anliegt, markieren Sie die Position der Ecke mit einem Punkt. Wenn die markierte Ecke erneut die Linie berührt, verbinden Sie die Punkte durch gerade Linien (unten links). Wenn Sie das Polygon zerlegen, wird rasch klar, dass die von der Kurve eingeschlossene Fläche genau dreimal so groß ist wie die Fläche des Polygons (gegenüber oben).

Nehmen Sie statt eines Polygons einen Kreis, ergibt sich eine Zykloide (unten rechts), mit der (wie mit ihren Verwandten) die alten Griechen die Planetenbahnen beschrieben. Da sich ein Kreis annäherungsweise durch regelmäßige Polygone darstellen lässt, ist auch die von der Zykloide umschlossene Fläche dreimal so groß wie die Kreisfläche.

Die Zykloide hat viele andere wichtige Eigenschaften. Um die besondere Stärke von Newtons und Leibniz' neuer Infinitesimalrechnung zu demonstrieren, bewies Johann Bernouilli 1696, dass die Zykloide die Lösung des klassischen »Problems des schnellsten Falls« darstellt: Ein allein durch die Schwerkraft angetriebenes Masseteilchen gleitet auf der Zykloide schneller als auf jeder anderen Kurve von einem Ende zu einem zweiten Punkt hinab.

Knobeln Sie nun an den beiden Beweisen gegenüber unten herum!

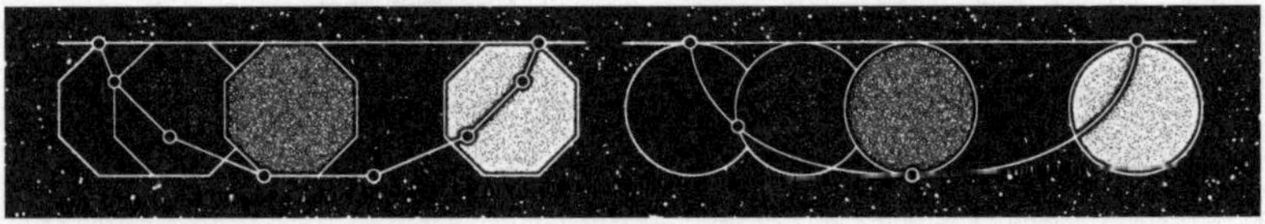

Die drei Oktagone passen unter die Kurve, die entsteht, wenn man eins an der Horizontalen abrollt.

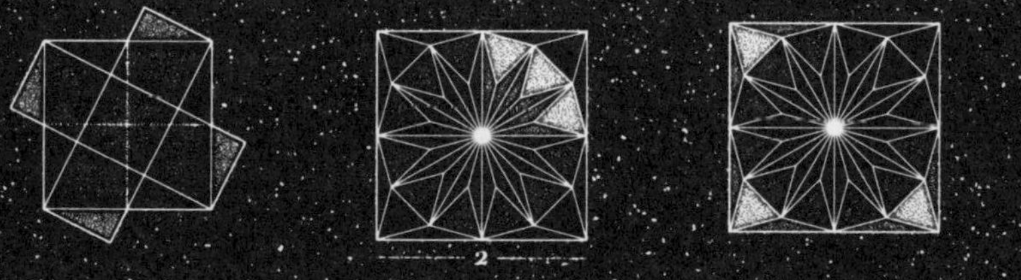

Kleines Quadrat =
1/5 mal großes Quadrat

Fläche des (im Quadrat eingeschriebenen) regelmäßigen
Zwölfecks mit Radius 1 ist 3.

KEGELSCHNITTE

Dandelins Kugeltrick

Was für eine Kurve entsteht, wenn Sie einen kreisförmigen Kegel mit einer Ebene zerschneiden? Entgegengesetzt zur Intuition: Stets eine Ellipse, also die Art von Kurve, die Sie bekommen, wenn Sie die beiden Enden eines Stücks Schnur auf Pappe befestigen, die Schnur mit einem Stift straff ziehen und eine geschlossene Kurve zeichnen (unten). Anders formuliert: Eine Ellipse ist die Menge aller Punkte in der Ebene, für die die Summe der Abstände zu zwei gegebenen Punkten (den Brennpunkten) stets gleich ist.

Um dies zu beweisen, schrieb Germinal Dandelin (1794 – 1847) zwei Kugeln in den Kegel ein, die die Ebene in einem Punkt berühren (gegenüber oben). Dann stellte er fest: Der Schnitt ist tatsächlich eine Ellipse mit diesen beiden Punkten als Brennpunkten, und die Entfernung zwischen den Kreisen, in denen die Kugeln den Kegel berühren, ist konstant.

Allgemein gilt: Eine Ebene schneidet den Kegel in einer Ellipse, einer Parabel, einer Hyperbel (gegenüber unten) oder, wenn sie die Spitze enthält, einem Punkt, einer Linie oder zwei Linien. Newton bewies, dass zwei Himmelskörper einander stets in einem Kegelschnitt umrunden – jeder Planet umrundet die Sonne in einer Ellipse, mit der Sonne in einem der Brennpunkte.

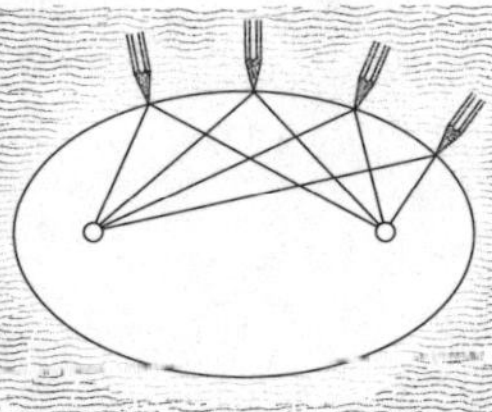

Gärtnerkonstruktion einer Ellipse

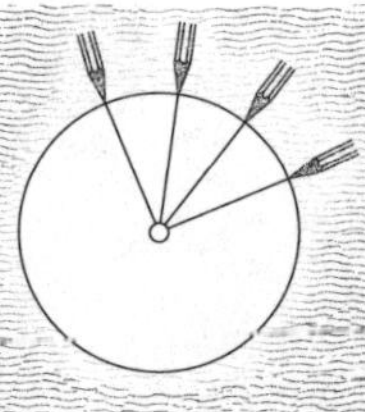

Der Kreis als spezielle Ellipse

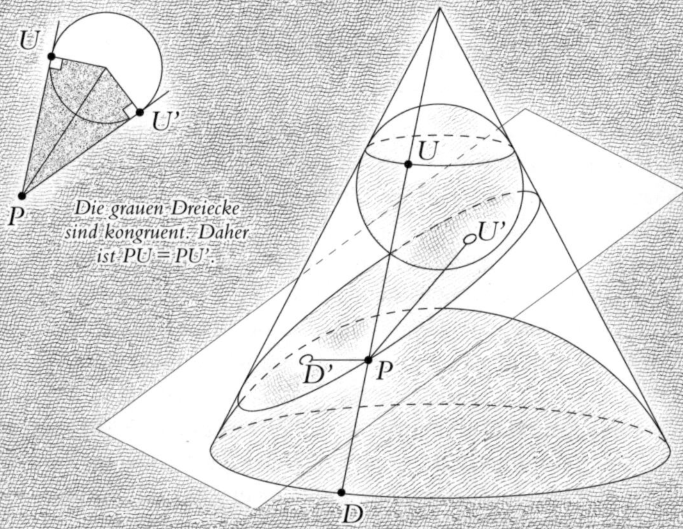

Da beide Segmente PU und PU' die obere Kugel berühren, ist PU' = PU. Ebenso ist PD' = PD. Daher ist PU' + PD' = PU + PD = UD, der Entfernung der Berührungskreise der Kugeln.

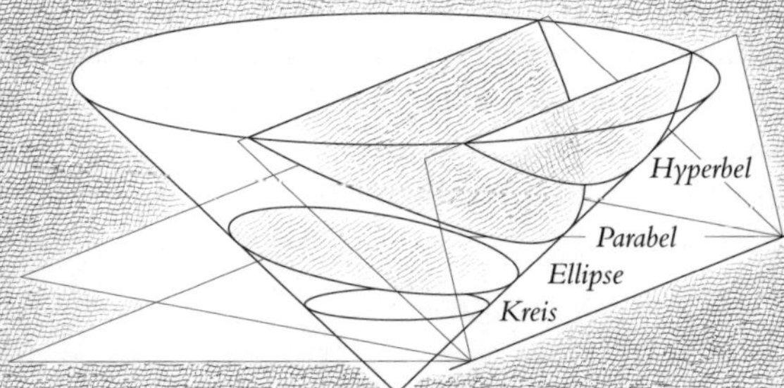

Klappt man eine Ebene um ihre Grundlinie nach oben, schneidet sie den Kegel zuerst in der horizontalen Position in einem Kreis, dann in Ellipsen, dann in einer Parabel in exakt einer Position und von da an in Hyperbeln.

Kegelschnitte falten

Brennspiegel und Flüsterwände

Machen Sie einen Punkt auf einen Papierkreis. Falten Sie den Kreis so, dass ein Punkt des Kreisumfanges auf dem ersten Punkt liegt, und wiederholen Sie das für verschiedene Umfangpunkte. Die Faltlinien bilden eine Ellipse (gegenüber oben).

Dies hängt zusammen mit der Eigenschaft von Ellipsen, zwei Brennpunkte zu haben (siehe S. 32), sowie mit der Eigenschaft, die den Begriff »Brennpunkt« rechtfertigt: Legen wir an eine Ellipse einen Spiegel an, wird jeder Lichtstrahl, der von einem der Brennpunkte ausgeht, nach der Reflexion durch den anderen Brennpunkt gehen (unten links). Das ist das Prinzip von Brennspiegeln und Flüsterwänden: Stellt man eine Kerze in einen Brennpunkt, wird die Wärme im anderen fokussiert, flüstern Sie in einem der Brennpunkte einer großen elliptischen Wand, versteht man Sie deutlich im weit entfernten anderen Brennpunkt. Allgemein gilt: Lichtstrahlen, die die Brennpunkte verfehlen, hüllen die Ellipsen oder Hyperbeln ein, die sich die Brennpunkte mit der ursprünglichen Ellipse teilen (unten Mitte und rechts).

Ersetzen Sie den Papierkreis durch ein Rechteck und falten Sie nur von einer Seite her (gegenüber unten), bekommen Sie den Teil einer Parabel. So können wir die Definition einer Parabel als Brennpunkt und Linie rekonstruieren und erkennen, wie Archimedes auf die Idee kam, mit einer parabolischen Anordnung von Spiegeln das Sonnenlicht zu bündeln, um Kriegsschiffe zu verbrennen.

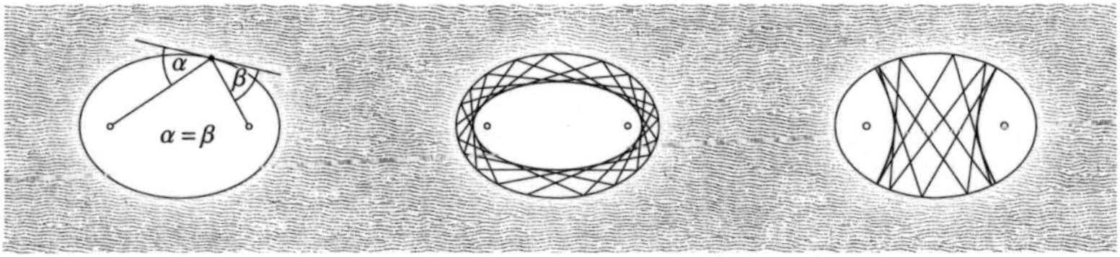

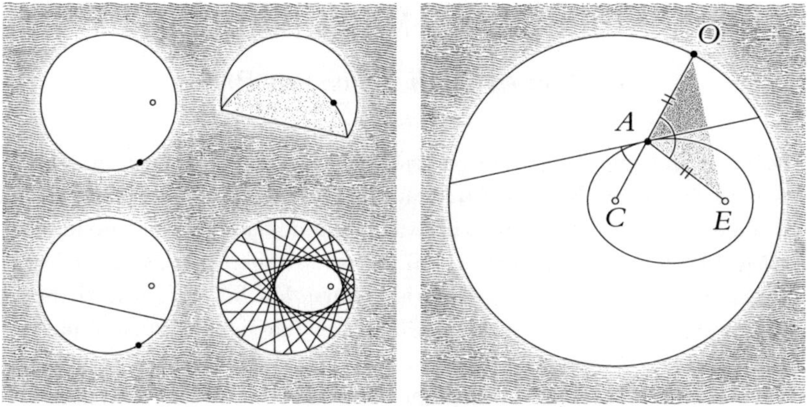

Da sich AO auf AE faltet, ist AE + AC = AO + AC = CO, dem Kreisradius. Wenn wir daher O um den Kreis bewegen, beschreibt der Punkt A eine Ellipse mit den Brennpunkten C und E. Die drei Winkel in A sind gleich. Daher sind die Falten Tangenten der Ellipse und hüllen sie ein.

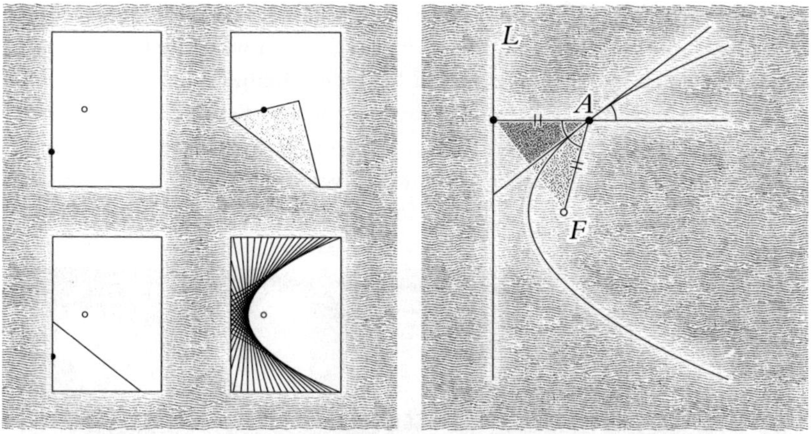

Falten einer Parabel mittels Brennpunkt F und Grundlinie L: 1) Jeder Parabelpunkt A ist gleich weit von F und L entfernt. 2) Jeder horizontale Lichtstrahl, der von der Parabel reflektiert wird, geht durch F.

Polygone verknoten

Ein Beweis durch Falten von Papier

Es ist ganz leicht, gleichseitige Dreiecke, Quadrate und regelmäßige Sechsecke auf verschiedene Arten zu konstruieren. Kniffliger sind regelmäßige Fünfecke. Hier die einfachste Methode, eins zu konstruieren.

Machen Sie einen Knoten in einen Papierstreifen und ziehen Sie an den Enden, bis der Knoten flach ist. Schneiden Sie das überstehende Papier ab, und nun haben Sie ein reguläres Fünfeck! Warum funktioniert das?

Stellen Sie sich zwei regelmäßige Fünfecke mit einer gemeinsamen Seite vor, durch die ein Papierstreifen verläuft (unten links). Falten wir nun das linke Fünfeck an der gemeinsamen Seite auf das rechte, liegt der Papierstreifen genau an den Seiten des rechten Fünfecks an. Falten wir den Streifen weiter um das Fünfeck, definieren wir nacheinander alle Seiten und Diagonalen. Entfalten wir nun den geknickten Streifen und entfernen die Fünfecke, können wir den Streifen schließlich verknoten und so abflachen, dass keine neuen Falten erscheinen.

Auch regelmäßige Polygone mit mehr als fünf Seiten lassen sich mit ein oder zwei Papierstreifen knoten, wobei die praktische Ausführung dieser Konstruktionen recht umständlich werden kann.

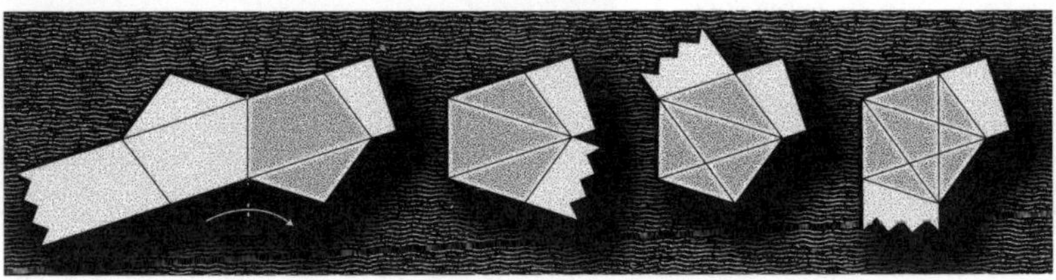

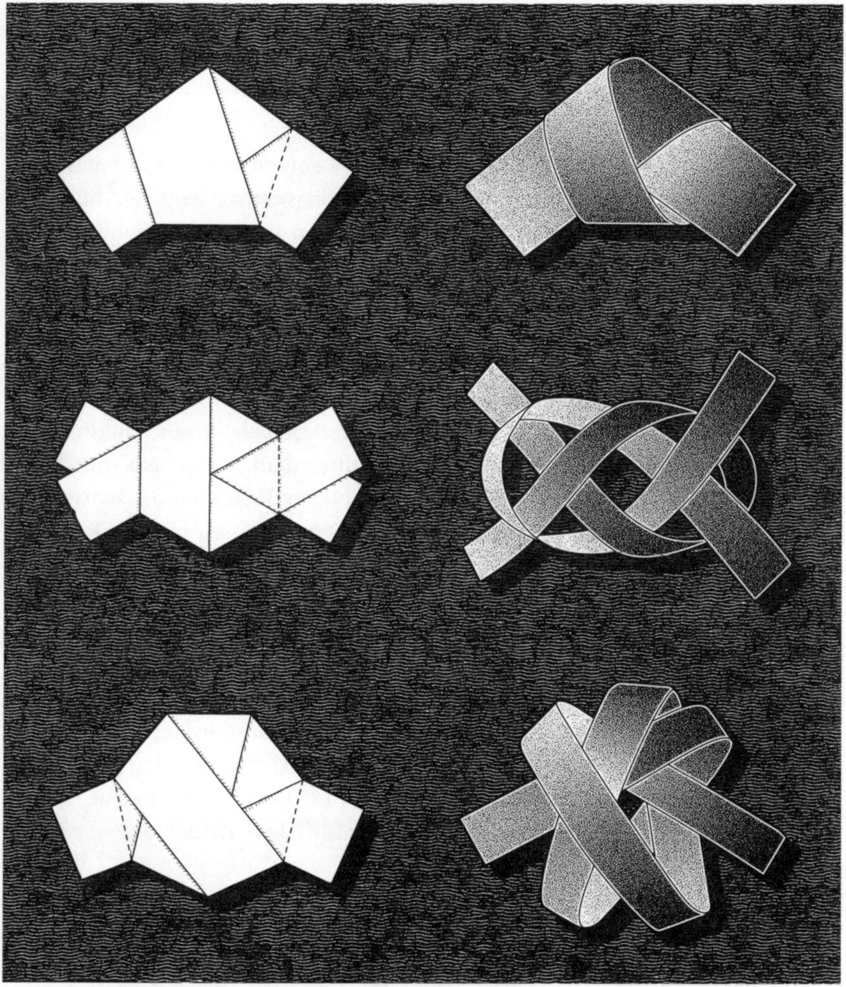

Quadrate zerschneiden

Ein altes Muster neu betrachten

Zu schönen Theoremen gelangt man oft, wenn man alte Muster neu interpretiert. Für eine Blitztour durch einige klassische Beispiele, die bis zu den Pythagoreern zurückreichen, betrachten wir verschiedene Methoden, eine quadratische Anordnung von n mal n oder n^2 Steinen zu zerlegen.

Die erste Methode ergibt die Grundgleichung $n + n + \ldots + n$(n-mal) $= n^2$.

Die zweite ergibt überraschenderweise, dass die Summe der ersten n ungeraden Zahlen gleich n^2 ist. Ein anderer Beweis dieses Theorems besagt: Die Zahlen der Dreiecke in den Mustern aus n Kacheln (unten) sind die ersten n ungeraden Zahlen, und nach der Trennung der schwarzen und grauen Dreiecke (gegenüber unten) bekommen wir ein Parallelogramm aus n^2 Dreiecken.

Eng damit verwandt ist die dritte Methode nach der Gleichung $(n-1)^2 + (2n-1) = n^2$. Ist die ungerade Zahl $2n-1$ ein Quadrat, erhalten wir ein pythagoreisches Tripel (siehe S. 10). Ist zum Beispiel $2n-1 = 3^2$, dann ist $n = 5$, und daher ist $4^2 + 3^2 = 5^2$.

Eine letzte Methode, die quadratische Anordnung zu zerlegen, beweist, dass n^2 gleich der Summe der ersten n natürlichen Zahlen plus der Summe der ersten $n-1$ natürlichen Zahlen ist. Können Sie daraus nun eine Formel für die Summe der ersten n natürlichen Zahlen ableiten?

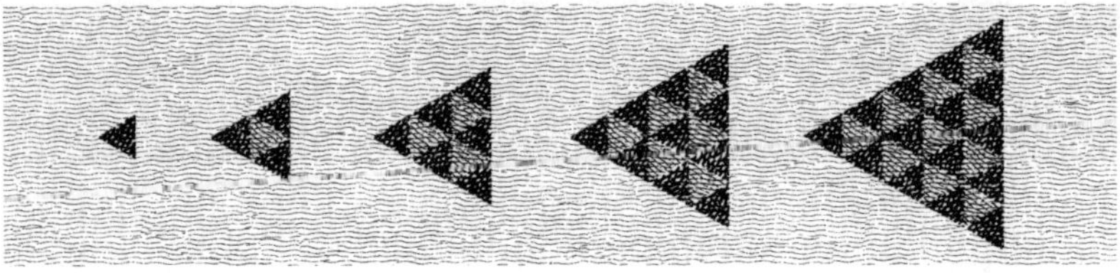

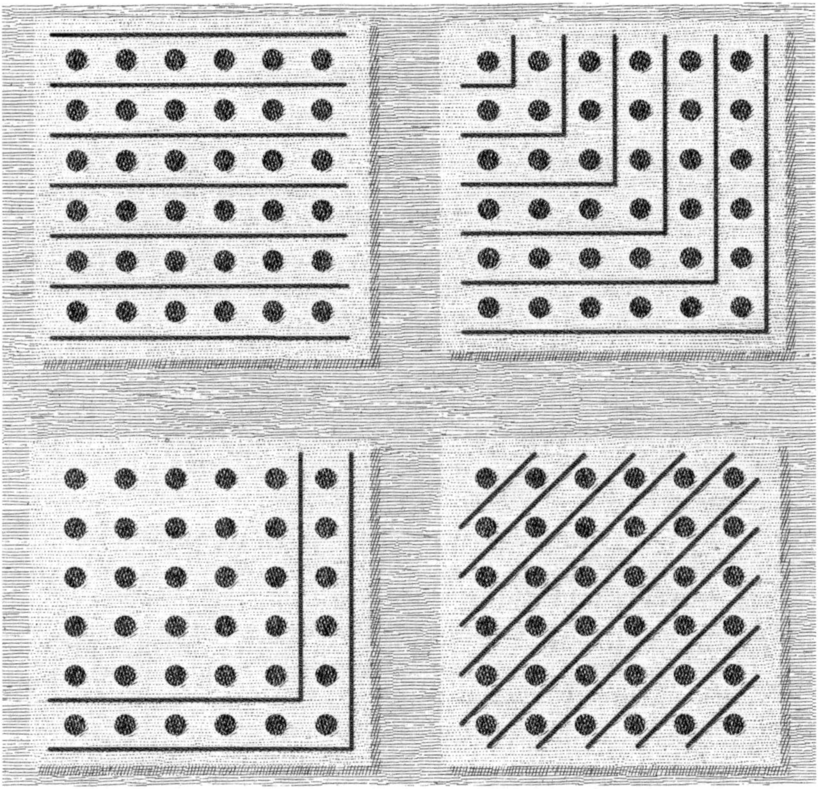

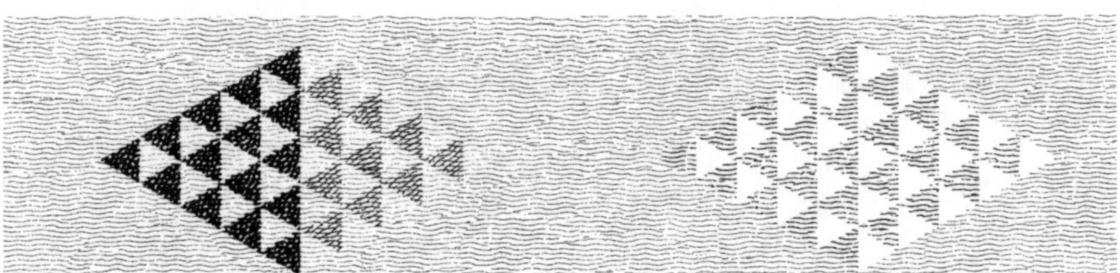

POTENZSUMMEN

Beweise durch doppelte Zählung

Der wunderbare pythagoreische Beweis unten zeigt: Die Summe der ersten n natürlichen Zahlen ist gleich der halben Zahl von Steinen im Rechteck, das heißt $n(n+1)/2$. Carl Friedrich Gauss (1777–1855), einer der Riesen der Mathematik, entdeckte diese Formel als Zehnjähriger. Als sein Lehrer ihn aufforderte, die ersten 100 natürlichen Zahlen zusammenzuzählen, kürzte er die langweilige Aufgabe ab, indem er feststellte, dass

$$1 + 100 = 2 + 99 = \ldots = 50 + 51 = 101$$

und somit die gesuchte Summe gleich $50 \cdot 101 = 5050$ war. Diese Logik erschließt sich auch, wenn man das Rechteck unten Reihe für Reihe betrachtet: $1 + 4 = 2 + 3 = 5$ und die Summe ist $2 \cdot 5 = 10$.

Die obere Zeichnung gegenüber beweist elegant, dass die dreifache Summe der ersten n Quadrate gleich der Zahl der Steine im Rechteck ist, also $(2n+1)(1+2+\ldots+n)$.

Die zweite Zeichnung beweist, dass die Summe der ersten n Würfel gleich der Summe der ersten n natürlichen Zahlen im Quadrat ist.

Formeln für die Summen der ersten n vierten, fünften Potenzen usw. finden Sie auf Seite 61.

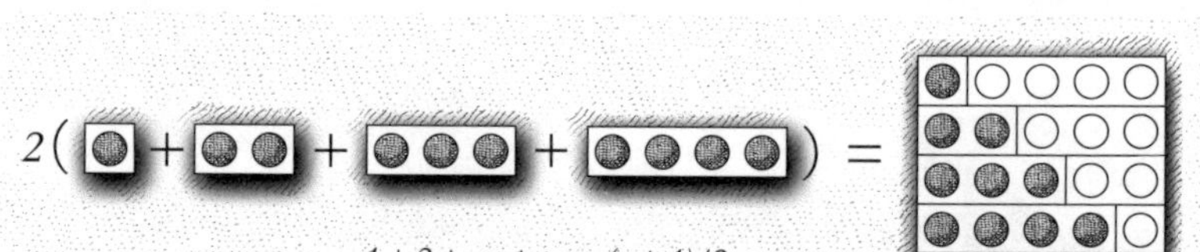

$1 + 2 + \ldots + n = n(n+1)/2$

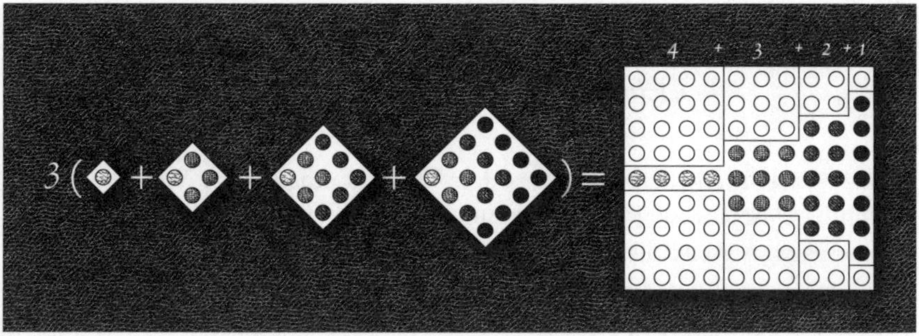

Generell gilt: $3(1^2 + 2^2 + \ldots + n^2) = (1 + 2 + \ldots + n)(2n + 1)$.
Setzt man $1 + 2 + \ldots + n = n(n+1)/2$ *ein, ergibt dies* $1^2 + 2^2 + \ldots + n^2 = n(n+1)(2n+1)/6$.

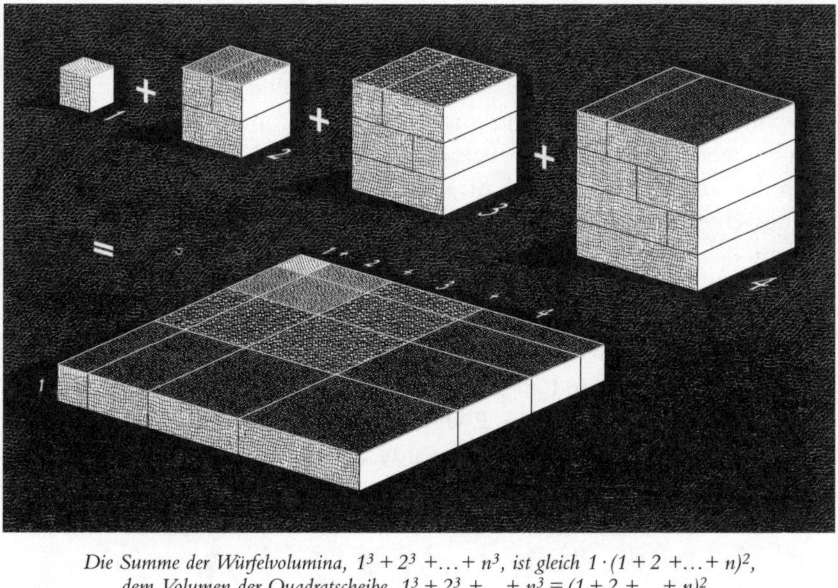

Die Summe der Würfelvolumina, $1^3 + 2^3 + \ldots + n^3$, *ist gleich* $1 \cdot (1 + 2 + \ldots + n)^2$,
dem Volumen der Quadratscheibe. $1^3 + 2^3 + \ldots + n^3 = (1 + 2 + \ldots + n)^2$.

Primzahlen ohne Ende

Ein Beweis durch Widerspruch

So, wie sich jedes Objekt der realen Welt auf einzigartige Weise in unsichtbare Atome spalten lässt, kann man auch jede natürliche Zahl auf einzigartige Weise als das Produkt von unteilbaren Zahlen, den Primzahlen, schreiben (die Zahl 1 ist eine Ausnahme). Die acht kleinsten Primzahlen sind 2, 3, 5, 7, 11, 13, 17 und 19. Das *Sieb des Eratosthenes* (gegenüber) ist eine elegante Methode zur Bestimmung aller Primzahlen.

Euklids *Elemente* enthalten den klassischen Widerspruchsbeweis, nach dem es in der Welt der Zahlen im Gegensatz zur realen Welt unendlich viele Primzahlen gibt.

Beweis: Es gibt entweder endlich oder unendlich viele Primzahlen. Nehmen Sie an, es gäbe nur endlich viele, und multiplizieren Sie alle zusammen zu einer sehr großen ganzen Zahl $n = 2 \cdot 3 \cdot 5 \cdot 7 \ldots$ Da $n+1$ größer als jeder Faktor von n ist, kann es keine Primzahl sein, und daher muss einer der Faktoren von n auch ein Faktor von $n+1$ sein. Aber wenn dem so wäre, dann hätte auch $(n+1) - n = 1$ denselben Faktor. Das ist ein Widerspruch, und wir folgern, dass unsere Annahme von endlich vielen Primzahlen falsch sein muss. Somit gibt es unendlich viele Primzahlen. *Q.e.d.*

Primzahlzwillinge sind zwei Primzahlen mit einer Differenz von zwei wie 5 und 7 oder 11 und 13. Ewiger Ruhm erwartet den, der beweisen (oder widerlegen) kann, dass es unendlich viele Zwillinge gibt.

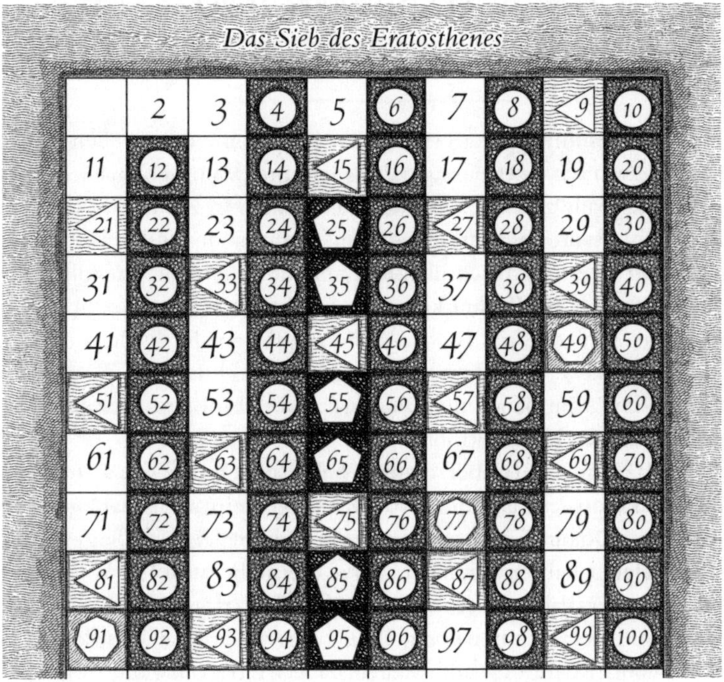

Kreisen Sie oben alle Vielfachen von 2 ein. Die kleinste nicht eingekreiste ganze Zahl größer als 2 ist 3. Kreisen Sie all ihre Vielfachen ein. Die kleinste nicht eingekreiste ganze Zahl größer als 3 ist 5. Kreisen Sie all ihre Vielfachen ein usw. Die Primzahlen sind genau die Zahlen, die nie eingekreist werden.

Die Natur der Zahlen

Ein weiterer Widerspruchsbeweis

Auf der Zahlenlinie (unten) stellt jeder Punkt eine der »reellen Zahlen« dar, mit denen wir Entfernungen, Flächen und Volumina messen. Wenn wir die Intervalle zwischen den ganzen Zahlen in zwei, drei, vier Teile usw. teilen, erhalten wir die Brüche oder »rationalen Zahlen«.

Auch der kleinste Abschnitt der Zahlenlinie enthält unendlich viele rationale Zahlen, und daher könnte man logischerweise annehmen, dass jede reelle Zahl rational ist. Angeblich opferten die Pythagoreer eine Hekatombe, also 100 Ochsen, um die Entdeckung des Beweises zu feiern, dass $\sqrt{2}$, die Länge der Diagonale eines Einheitsquadrats, irrational ist und somit keine rationale Zahl.

Unser Beweis (gegenüber) ist ein Widerspruchsbeweis. Wir nehmen an, $\sqrt{2}$ sei rational. Das impliziert die Existenz eines ganzzahligen Quadrats (eines Quadrats mit ganzzahligen Diagonalen und Seiten) sowie einen Widerspruch, also eine Aussage, die nicht wahr ist. Wir folgern, dass unsere Annahme falsch ist. Somit ist $\sqrt{2}$ irrational.

Allgemein lässt sich beweisen: Wenn eine natürliche Zahl kein Quadrat ist, dann ist ihre Quadratwurzel eine irrationale Zahl. Somit sind unendlich viele Radien der Wurzelspirale (gegenüber unten) irrational. Außerdem stellt sich heraus, dass es in gewisser Hinsicht viel mehr irrationale als rationale Zahlen gibt.

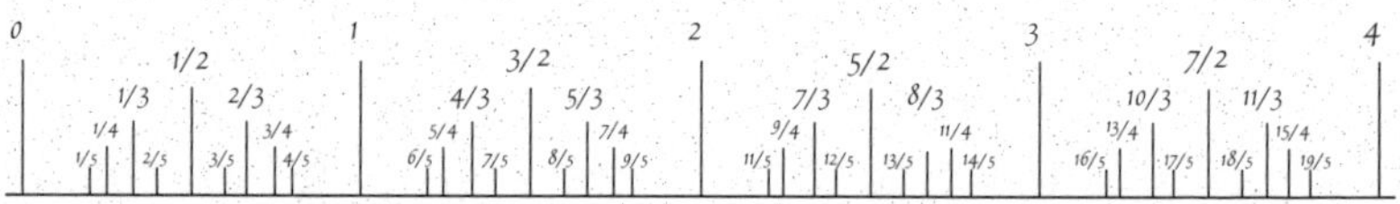

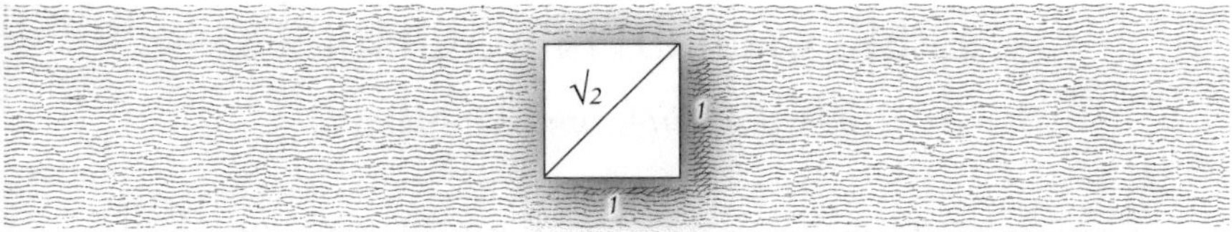

Wenn $\sqrt{2}$ ein Bruch b/a aus positiven ganzen Zahlen wäre, dann wäre das obige um den Faktor a aufgeblasene Quadrat das ganzzahlige Quadrat unten links. Nach Pythagoras ist $a^2 + a^2 = 2a^2 = b^2$. Somit ist $a^2 = (b/2)b$ eine ganze Zahl.

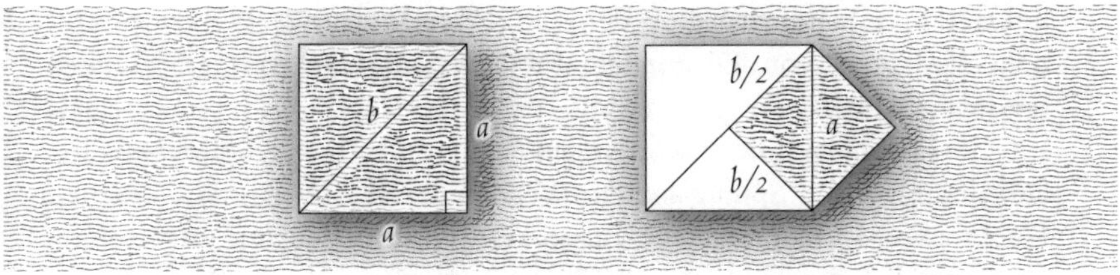

Das ist nur möglich, wenn $b/2$ eine ganze Zahl ist. Daher ist das graue Quadrat rechts auch ein ganzzahliges Quadrat. Wendet man diese Konstruktion auf das zweite ganzzahlige Quadrat an, ergibt dies ein drittes, viertes usw.

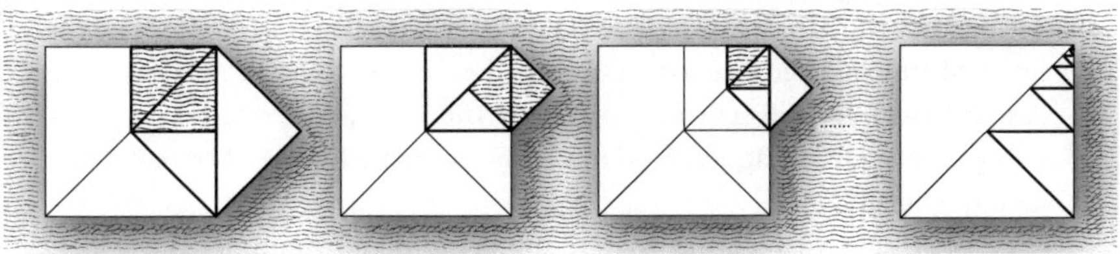

Jedes Segment des unendlichen Zickzacks rechts ist eine Seite eines unserer ganzzahligen Quadrate und hat somit eine ganzzahlige Länge. Das ist unmöglich, da die Segmente unendlich klein werden, während die kleinste positive ganze Zahl 1 ist.

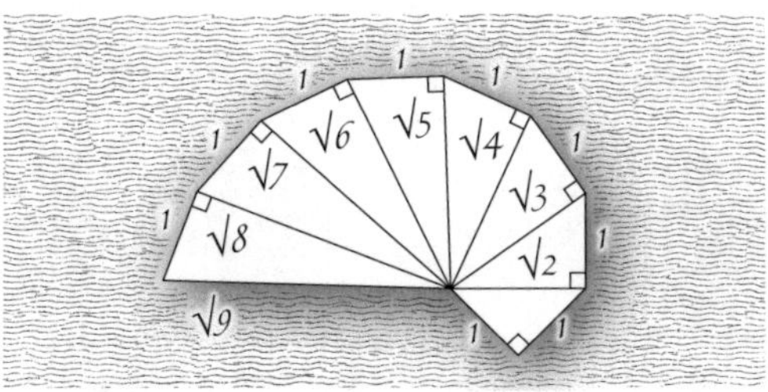

Der Goldene Schnitt

Die Lieblingszahl der Natur

Wie sieht ein Rechteck aus, das nicht zu schmal und nicht zu breit ist? Für viele Künstler und Wissenschaftler hat dieser uralte Schönheitswettbewerb einen klaren Sieger: das sogenannte Goldene Rechteck (unten links), dessen Seitenverhältnis dem Goldenen Schnitt Φ (*Phi*) entspricht, dem Verhältnis von Diagonale und Seite im regelmäßigen Fünfeck (gegenüber oben).

Der Goldene Schnitt tritt in vielen Designs der Natur auf, etwa Blattanordnungen und Spiralgalaxien. Wenn wir z. B. von einem Goldenen Rechteck ein Quadrat wegnehmen (unten), erhalten wir ein weiteres Goldenes Rechteck, da $\Phi = 1/(\Phi - 1)$ (gegenüber oben). Wiederholen wir dies, ergibt sich eine Spirale aus Quadraten, wie sie in der Natur vielfach vorkommt.

Kombiniert man drei Goldene Rechtecke in rechten Winkeln (gegenüber Mitte), bilden ihre zwölf Ecken die Ecken eines Ikosaeders. Um das zu beweisen, müssen wir nur überprüfen, ob alle Dreiecke im mittleren Bild gleichseitig sind oder ob die Schenkel dieser Dreiecke alle gleich lang sind.

So gelangen wir zu einer wunderbaren Konstruktion eines Ikosaeders aus einem Oktaeder (gegenüber unten), wo die zwölf Ecken des Ersteren die zwölf Kanten des Letzteren im Goldenen Schnitt teilen.

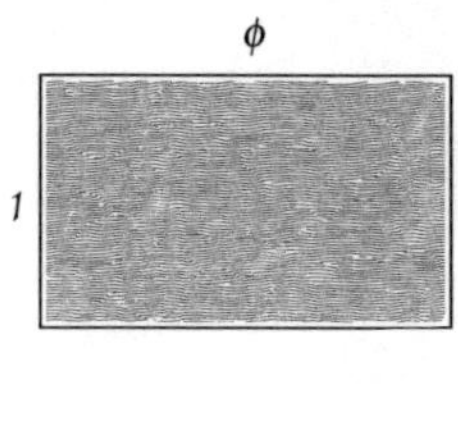

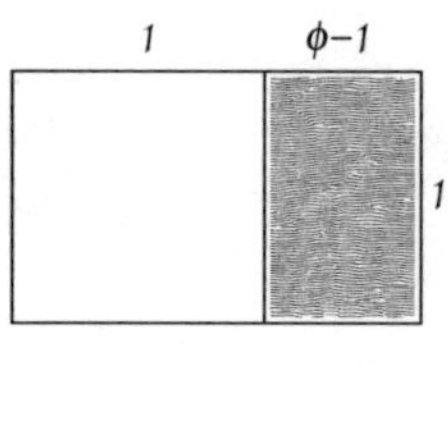

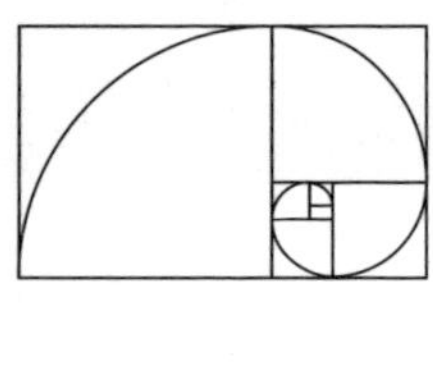

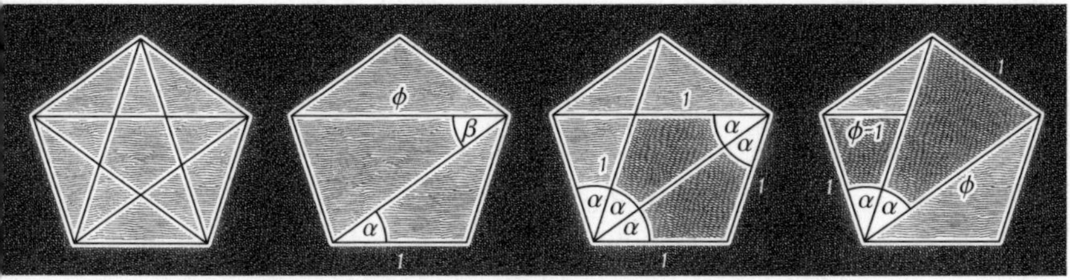

Die Winkel α und β sind gleich. Daher sind die ersten beiden grauen Dreiecke kongruent und die zweiten zwei ähnlich. Somit ist $\Phi/1 = 1/(\Phi - 1)$ oder $\Phi^2 = \Phi + 1$. Diese Gleichung ergibt $\Phi = (1 + \sqrt{5})/2 = 1,61803\ldots$

Die Kante AB hat die Länge $= \sqrt{\Phi^2 + (\Phi - 1) + 1^2} = \sqrt{2(\Phi^2 - \Phi + 1)}$ (Pythagorassatz zweimal anwenden), und da $\Phi^2 = \Phi + 1$) ist, ist dies gleich 2, der Seitenlänge eines der drei Goldenen Rechtecke.

Man setzt die drei Rechtecke in Quadrate. Dann bilden die Kanten der Quadrate ein Oktaeder.

Die Zahlen der Natur

Die Geometrie des Wachstums

Eine Spirale aus Quadraten, die um ein Einheitsquadrat herumwächst (gegenüber oben links), besteht aus Quadraten, deren Seitenlängen die Fibonacci-Zahlen 1, 1, 2, 3, 5, 8, 13, 21, … sind, benannt nach Leonardo Fibonacci (1170–1250). Jede Zahl in der Folge ist die Summe der beiden vorangegangenen Zahlen: $2 = 1+1$, $3 = 1+2$, $5 = 2+3$ usw.

Fibonacci-Zahlen sind auf wunderbare Weise verbunden. Die Parkettierung des Rechtecks oben links etwa demonstriert, dass $1^2 + 1^2 + 2^2 + 3^2 + 5^2 + 8^2 + 13^2 = 13 \cdot (13 + 8) = 13 \cdot 21$. Allgemein gilt: Die Summe der Quadrate der ersten n Fibonacci-Zahlen ist gleich dem Produkt der n-ten und n+1-ten Zahl. So zeigt auch die Parkettierung des Quadrats rechts, dass $1 \cdot 1 + 1 \cdot 2 + 2 \cdot 3 + 3 \cdot 5 + 5 \cdot 8 + 8 \cdot 13 + 13 \cdot 21 = 21^2$. Auch diese Gleichung lässt sich leicht verallgemeinern.

Die Fibonacci-Zahlen tauchen oft in den gleichen Phänomenen auf wie der Goldene Schnitt Φ (siehe S. 46), und es lässt sich beweisen, dass die n-te Fibonacci-Zahl die nächste natürliche Zahl zu $\Phi^n/\sqrt{5}$ ist. Somit sind die Rechtecke, denen wir begegnen, wenn wir unsere Quadratspirale bauen, von Goldenen Rechtecken nicht zu unterscheiden.

Fibonacci-Zahlen sind in vielen Wachstumsprozessen verborgen. So sind die Zahlen der rechts- und linksherum drehenden Spiralen in Sonnenblumenblüten (gegenüber Mitte) meist aufeinanderfolgende Fibonacci-Zahlen. Auch das Pascalsche Dreieck (gegenüber unten) wächst Reihe um Reihe, wobei benachbarte Zahlen in einer Reihe sich zur Zahl darunter addieren. Da die Summen der ersten beiden Diagonalen dieses Dreiecks 1 sind und die Summen zweier folgender Diagonalen sich zur Summe der nächsten addieren, haben wir wieder unsere goldene Folge.

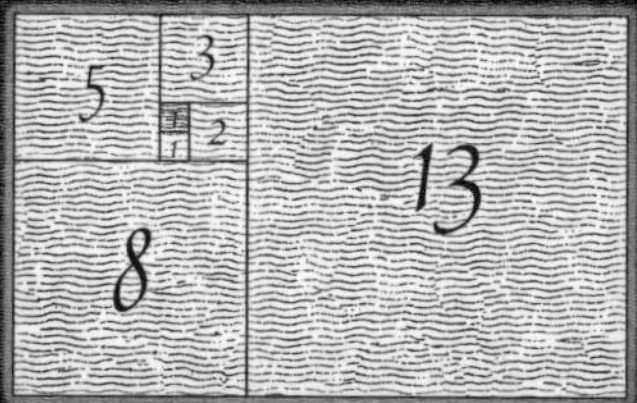

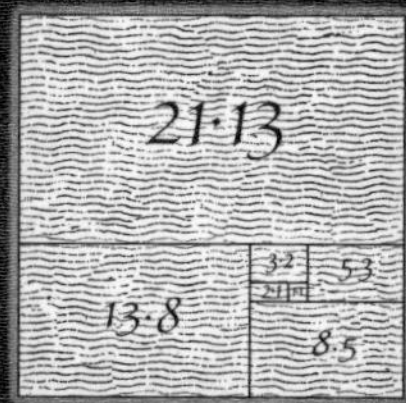

Stadien der unendlichen Quadratspirale aus Rechtecken, deren Seitenlängen zwei aufeinanderfolgende Fibonacci-Zahlen sind: Die ersten n Rechtecke parkettieren ein Quadrat, wenn n eine ungerade Zahl ist.

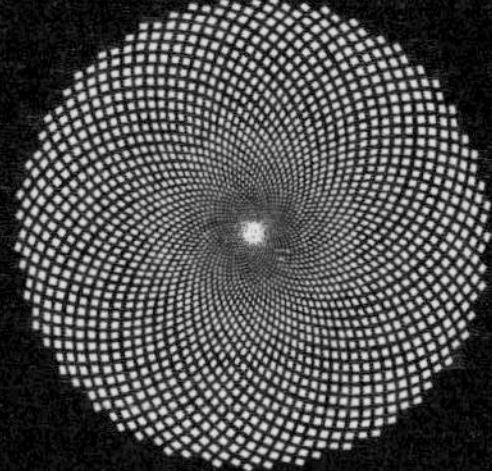

Die Zahlen von rechts- und linksdrehenden Spiralen in einer Sonnenblumenblüte sind (meist) aufeinanderfolgende Fibonacci-Zahlen wie 34/21 (links) und 89/55 (rechts).

1
1 1
1 2 1
1 3 3 1
1 4 6 4 1
1 5 10 10 5 1
1 6 15 20 15 6 1
1 7 21 35 35 21 7 1

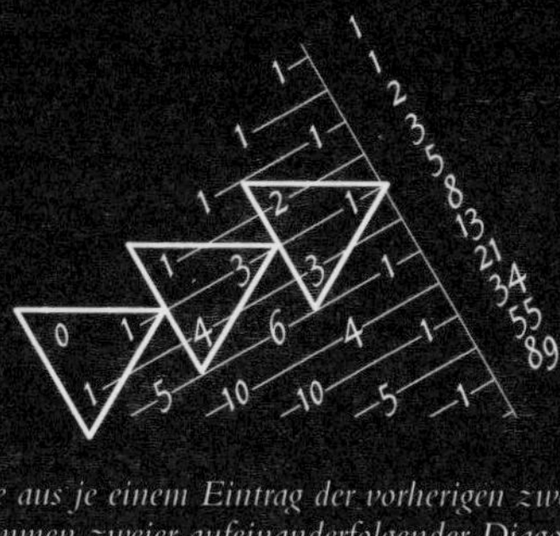

Jeder Eintrag einer Diagonale ist die Summe aus je einem Eintrag der vorherigen zwei Diagonalen (rechts). Somit addieren sich die Summen zweier aufeinanderfolgender Diagonalen zur Summe der folgenden Diagonalen.

EULERS POLYEDERSATZ

Ein Beweis durch Kürzen

Ein geschliffener Diamant ist ein Körper, dessen Flächen ebene Polygone sind. Leonhard Euler (1707–1783) entdeckte die hübsche Formel, die die Anzahl der Ecken, Kanten und Flächen zueinander in Beziehung setzt:

$$E(\mathit{cken}) + F(\mathit{lächen}) - K(\mathit{anten}) = 2$$

Ein Würfel zum Beispiel hat 8 Ecken, 6 Flächen und 12 Kanten, und tatsächlich ist $E + F - K = 8 + 6 - 12 = 2$.

BEWEIS: Zunächst öffnen wir das Netz aus Ecken und Kanten (gegenüber oben), um ein ebenes Bild des Körpers mit der gleichen Anzahl von Ecken, Kanten und Flächen zu bekommen (die Außenseite zählt als eine Fläche). Wir stellen fest, dass das Einfügen einer Diagonale bei jeder Fläche das gleiche Verhältnis von $E + F - K$ ergibt (gegenüber zweite Reihe), und fügen Diagonalen ein, bis ein Gitter aus Dreiecken entsteht. Nun eliminieren wir um das Gitter herum ein Dreieck nach dem anderen (gegenüber Reihe 3 und 4), bis nur noch ein Dreieck übrig bleibt (3 Ecken, 2 Flächen, 3 Kanten). Da sich bei jedem Schritt der Wert von $E + F - K$ nicht ändert, ist $E + F - K = 3 + 2 - 3 = 2$. *Q.e.d.*

Es ist auch unschwer zu beweisen, dass Eulers Polyedersatz für jedes ebene Gitternetz aus Ecken und Kurvensegmenten gilt (unten).

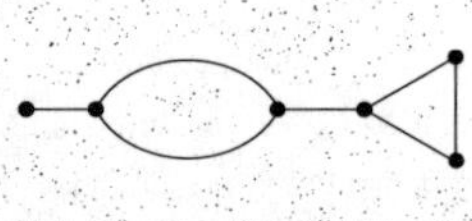

$E + F - K = 6 + 3 - 7 = 2$

$E + F - K$
$= 39 + 21 - 58$
$= 2$

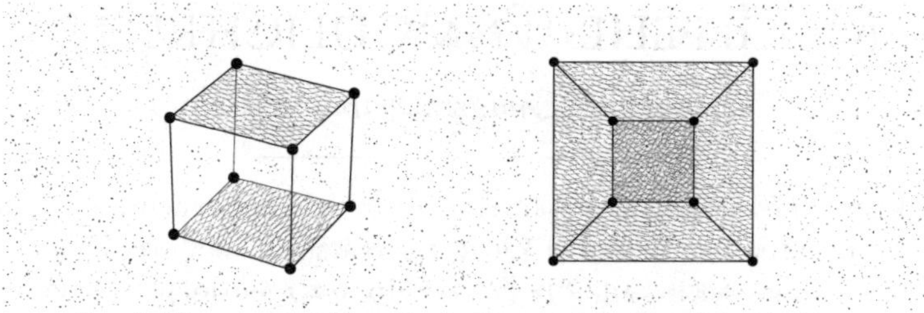

Das Auffalten eines Würfels ergibt ein Gitter nach der Formel $E + F - K$.

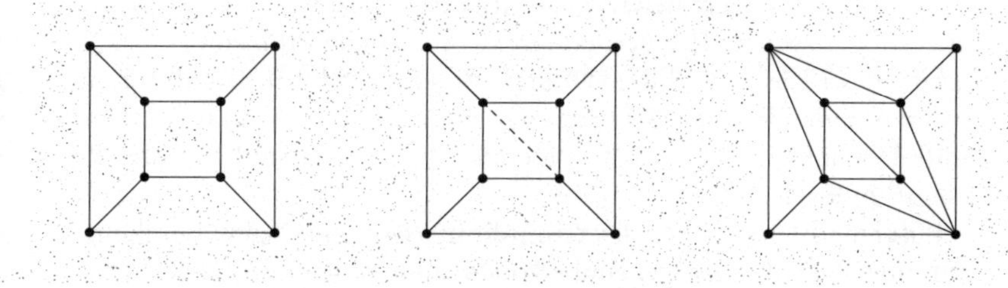

Das Einfügen einer Diagonale erhöht die Anzahl der Flächen und Kanten um je eins, und $E + F - K$ bleibt gleich. Daher ist $E + F - K$ beim Dreiecksraster wie beim Würfel gleich.

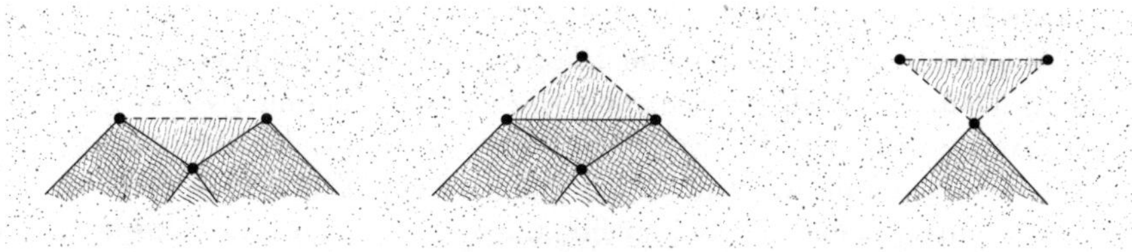

Entfernt man ein äußeres Dreieck, ändert sich $E + F - K$ nicht. In der linken Zeichnung etwa verlieren wir eine Kante und eine Fläche: $E + F - K = E + (F - 1) - (K - 1)$.

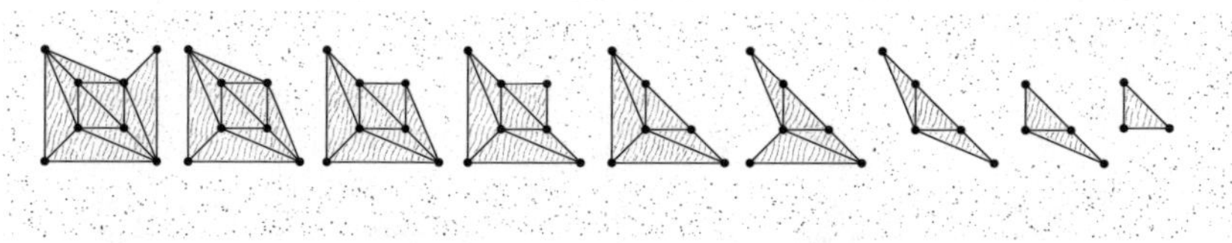

Nach starkem Kürzen ist $E + F - K$ bei einem Dreieck gleich dem beim ursprünglichen Körper.

Mögliche Unmöglichkeiten

Verdoppeln, Quadratur und Dreiteilung

Sokrates (470/469–399 v. Chr.) zeigte mittels der ersten zwei Zeichnungen unten, wie man ein Quadrat verdoppelt, und das Orakel von Delphi sagte voraus, wer Apollons Würfelaltar verdopple, könne eine Seuche aufhalten.

Im 19. Jahrhundert bewies man, dass das »Verdoppeln eines Würfels« ebenso wie zwei andere berüchtigte geometrische Probleme, die »Quadratur des Kreises« und die »Dreiteilung eines Winkels«, unlösbar sind, wenn wir wie die alten Griechen nur einen Zirkel und ein unmarkiertes Lineal benutzen dürfen. Mit anderen Werkzeugen sind alle drei Probleme zu lösen.

Um einen Kreis zu quadrieren, rollt man ihn eine halbe Umdrehung auf einer Geraden ab (gegenüber oben) und konstruiert das Rechteck, das die gleiche Fläche wie der Kreis hat. Nun konstruiert man mit Zirkel und Lineal das Quadrat, das die gleiche Fläche wie das Rechteck hat (siehe S. 13).

Archimedes entdeckte eine geniale Methode, einen Winkel α (gegenüber Mitte) mit Hilfe eines Zirkels und eines Lineals mit zwei Markierungen zu dreiteilen: Er zeichnete einen Kreis und legte das Lineal wie auf der Zeichnung an. Dann ist der Winkel ε ein Drittel des Winkels α.

Um ein Quadrat zu verdoppeln, muss man $\sqrt{2}$ aus 1 konstruieren (unten rechts); um einen Würfel zu verdoppeln, muss man $\sqrt[3]{2}$ aus 1 konstruieren (gegenüber unten): Man drittelt das Papierquadrat und faltet es wie angegeben, um $\sqrt[3]{2}$ zu konstruieren. Leicht zu beschreiben, aber knifflig zu beweisen.

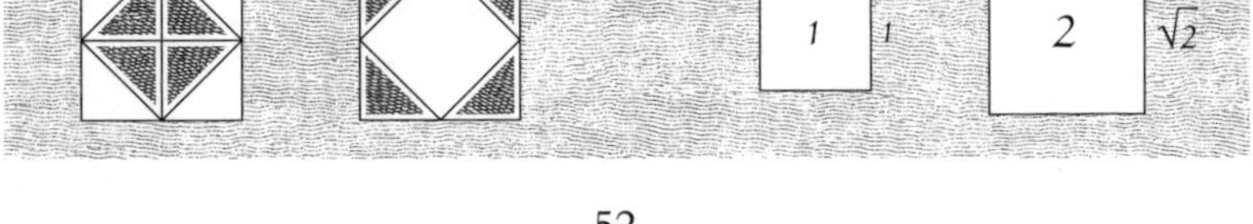

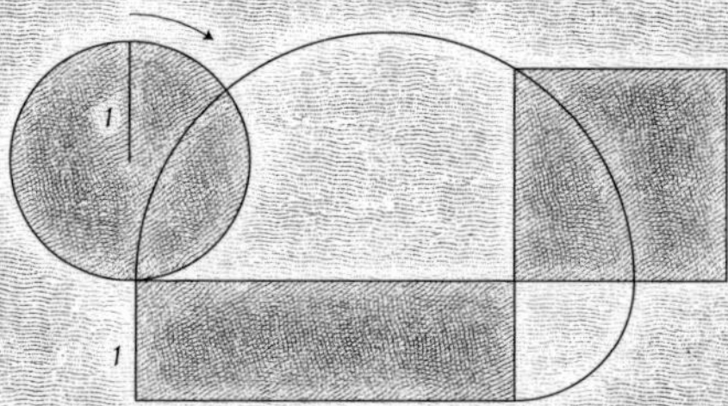

½ · *Kreisumfang*

Kreisfläche = Rechteckfläche = Quadratfläche

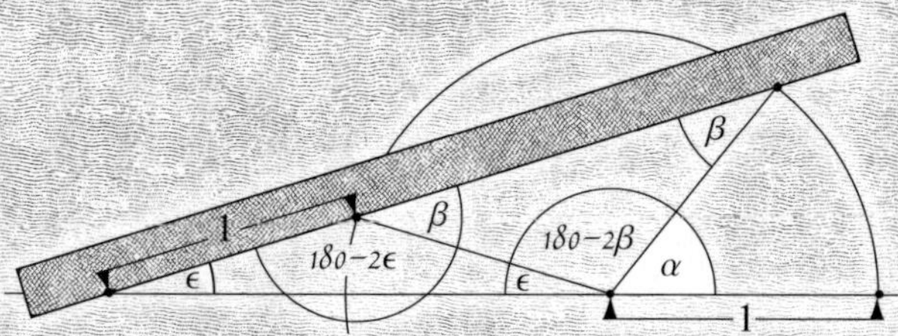

Der erste Halbkreis ergibt: $\beta = 180-(180-2\varepsilon) = 2\varepsilon$,
der zweite: $\alpha = 180-(\varepsilon+(180-2\beta)) = 3\varepsilon$.

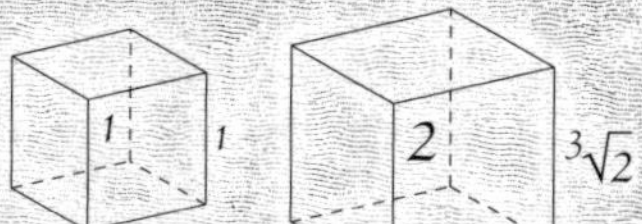

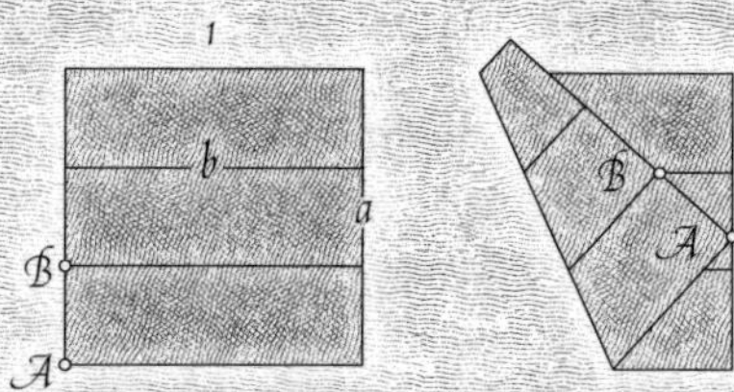

Faltet man A und B auf die Segmente a und b, teilt Punkt A das Segment a im Verhältnis $1:\sqrt[3]{2}$

ANHANG I
EIN THEOREM, VIELE BEWEISE

Es gibt Hunderte von Beweisen für den Satz des Pythagoras (siehe S. 10). Hier zeigen wir einige der genialsten.

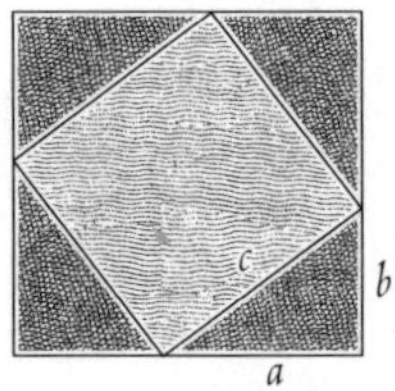

Unser erster Beweis (links) basiert auf der gleichen Zeichnung wie auf Seite 11:

$$\textit{großes Quadrat} = \textit{kleines Quadrat} + 4 \cdot \textit{Dreieck}$$
$$(a+b)^2 = c^2 + 4 \cdot \tfrac{1}{2}ab$$
$$a^2 + b^2 + 2ab = c^2 + 2ab$$
$$a^2 + b^2 = c^2$$

Ein ähnlicher Beweis basiert auf der Zeichnung rechts:

$$\textit{kleines Quadrat} + 4 \cdot \textit{Dreieck} = \textit{großes Quadrat}$$
$$(b-a)^2 + 4 \cdot \tfrac{1}{2}ab = c^2$$
$$b^2 - 2ab + a^2 + 2ab = c^2$$
$$a^2 + b^2 = c^2$$

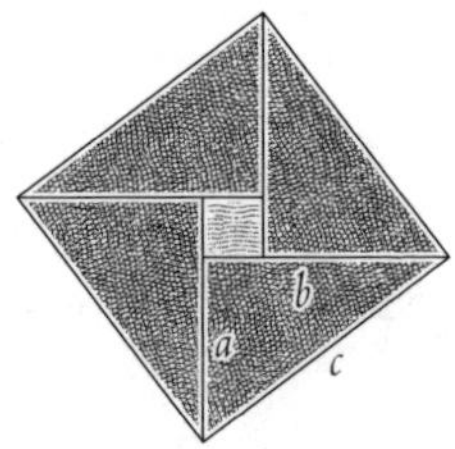

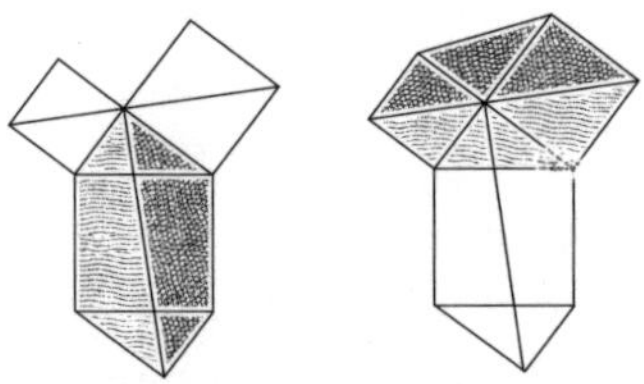

Leonardo da Vinci (1452–1519) bemerkte, dass die dunkleren Bereiche in den beiden Zeichnungen links die gleiche Fläche haben und jeder von beiden zwei Kopien des rechtwinkligen Dreiecks enthält. Durch Entfernen der Dreiecke ergibt sich das Theorem.

Die Dreiecke ABC, CBD und ACD sind ähnlich.
Somit ist $DB/BC = BC/AB$ und $AD/AC = AC/AB$
oder $BC^2 = AB \cdot DB$ und $AC^2 = AB \cdot AD$.
Ergebnis: $AC^2 + BC^2 = AB \cdot (DB + AD) = AB^2$

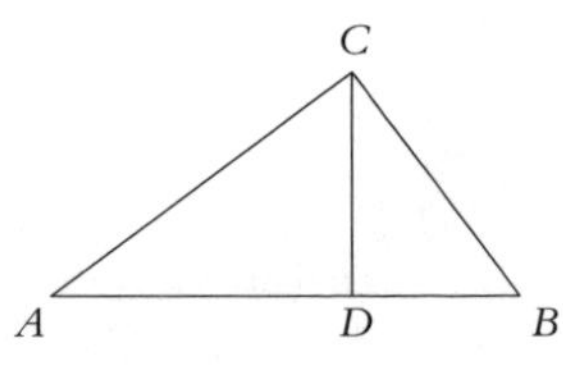

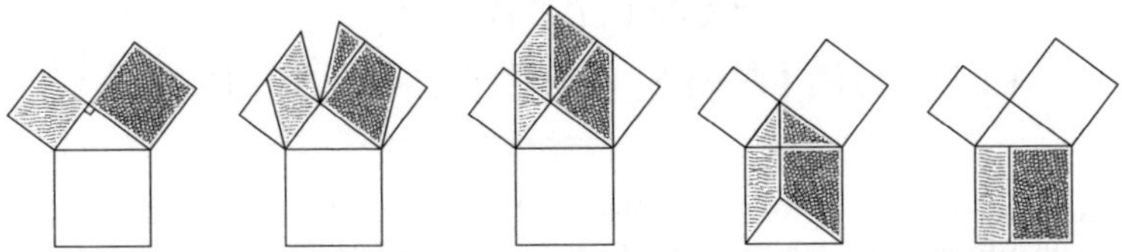

Beweis durch Scherung

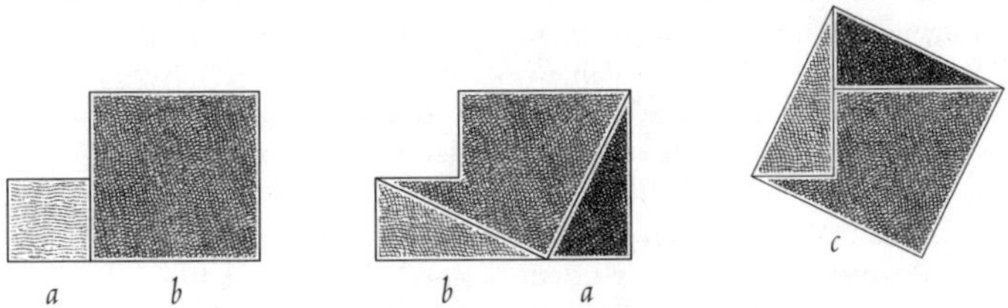

Beweis durch Zerlegen

Drei weitere Beweise durch Zerlegen

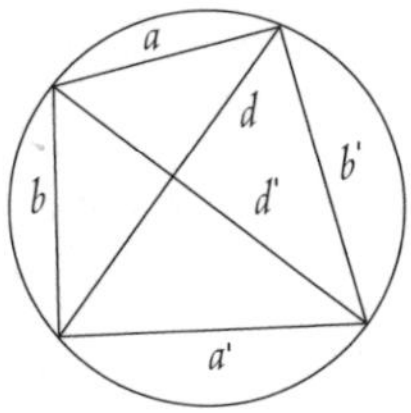

Der Satz des Ptolemäus besagt, dass bei einem in einen Kreis eingeschriebenen Viereck $a\,a' + b\,b' = d\,d'$. Er reduziert sich auf den Satz des Pythagoras, wenn das Viereck ein Rechteck ist.

ANHANG II
ALLE FÜR EINES UND EINES FÜR ALLE

Wenn man in die Geheimnisse der Mathematik eintaucht, hat man das Gefühl, alles sei irgendwie mit allem durch ein Netz wunderschöner Beziehungen verbunden. Zu nennen sind da etwa die Fibonacci-Zahlen 1, 1, 2, 3, 5… und der Goldene Schnitt $\Phi = (1+\sqrt{5})/2$ neben vielen anderen Themen in diesem Büchlein. Verbindungen mit regelmäßigen Figuren und dem Pascalschen Dreieck wurden bereits angesprochen. Hier noch ein paar in dem bei Mathematikern so beliebten Beweisstil.

THEOREM 1:

$$\Phi = 1 + \cfrac{1}{1+\cfrac{1}{1+\cfrac{1}{1+\cfrac{1}{1+\cfrac{1}{\cdots}}}}}$$

BEWEIS: Nennen wir den unendlichen Bruch x. Eindeutig ist $x = 1 + 1/x$, oder $x^2 - x - 1 = 0$. Diese Gleichung hat die Lösungen Φ und $1 - \Phi$. Da $1 - \Phi$ negativ ist und x und Φ es nicht sind, ist $x = \Phi$. *Q.e.d.*

So, wie 0,99… durch die Zahlen 0; 0,9; 0,99… angenähert wird, wird Φ angenähert durch die Brüche.

$$1\,,1+\frac{1}{1}=\frac{2}{1}\cdot 1+\frac{1}{1+\frac{1}{1}}=\frac{3}{2},1+\frac{1}{1+\frac{1}{1+\frac{1}{1}}}=\frac{5}{3}$$

THEOREM 2: *Der n-te Bruch ist f_{n+1}/f_n, wobei f_n die n-te Fibonacci-Zahl ist.*

BEWEIS: Der Beweis erfolgt durch Induktion, wie im Abschnitt *Mathematisches Domino.* Nennen wir den n-ten Bruch g_n. Wir stellen fest, dass g_1, der erste Term unserer Folge, wirklich $f_2/f_1 = 1/1 = 1$ ist. Nehmen wir nun an, der n-te Term $g_n = f_{n+1}/f_n$. Dann ist $g_{n+1} = 1 + 1/g_n = 1 + f_n/f_{n+1} = (f_{n+1} + f_n)/f_{n+1}$. Aufgrund der Definitionsgleichung für Fibonacci-Zahlen, $f_{n+1} + f_n = f_{n+2}$, impliziert dies wie gewünscht, dass $g_{n+1} = f_{n+2}/f_{n+1}$. *Q.e.d.*

THEOREM 3: *Die Fibonacci-Zahlen $f_n, f_{n+1}, f_{n+2}, f_{n+3}$ bilden das pythagoreische Tripel.*

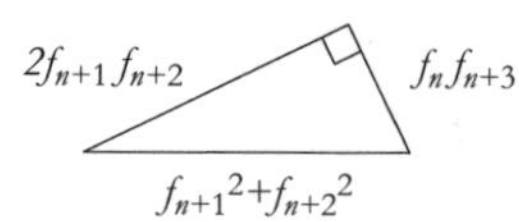

BEWEIS: Wenn $a = f_n$, $b = f_{n+1}$, dann $f_{n+2} = a + b$, $f_{n+3} = a + 2b$ und $(2b(a+b))^2 + (a(a+2b))^2$ gleich $(b^2 + (a+b)^2)^2$. *Q.e.d.*

Zum Beispiel ergibt $n = 1$, 2, und 3 die Tripel 3 : 4 : 5, 5 : 12 : 13, und 16 : 30 : 34. Nach dem Beweis ist klar, dass wir die Fibonacci-Zahlen durch alle a, b, $a+b$, $a+2b$ ersetzen können.

THEOREM 4: *Φ ist eine irrationale Zahl.*

BEWEIS: Wie im Abschnitt *Die Natur der Zahlen* nehmen wir an, Φ sei ein Bruch a/b aus zwei natürlichen Zahlen.

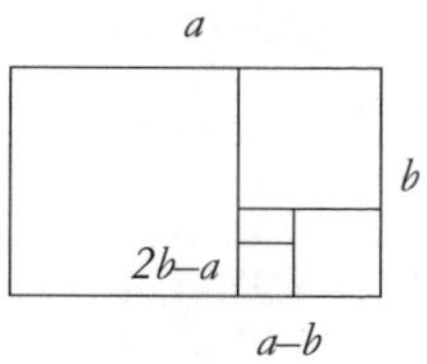

Somit haben wir ein Goldenes Rechteck mit den Seitenlängen a und b. Aufgrund der Selbstähnlichkeit Goldener Rechtecke (siehe S. 46) schneiden wir ein Quadrat ab, um ein weiteres Goldenes Rechteck zu erzeugen. Wiederholen wir dies beim kleineren Goldenen Rechteck, entsteht ein drittes usw. Die Seitenlängen dieser Goldenen Rechtecke bilden die unendlich fallende Folge natürlicher Zahlen $a > b > a-b > 2b-a > \ldots$ Da jede fallende Folge natürlicher Zahlen enden muss (1 ist die untere Grenze), ist dies ein Widerspruch zu unserer Annahme. Somit ist Φ irrational. *Q.e.d.*

Der unendliche Ausdruck

$$\sqrt{2+\sqrt{2+\sqrt{2+\sqrt{\ldots}}}}$$

ist der Hauptteil unserer Formel für den Wert von π (siehe S. 15 unten).

THEOREM 5:

$$\Phi = \sqrt{1+\sqrt{1+\sqrt{1+\sqrt{\ldots}}}}$$

BEWEIS: Nennen wir den unendlichen Ausdruck y. Dann ist wegen seiner Selbstähnlichkeit $y=\sqrt{1+y}$, oder $y^2-y-1=0$. Somit ist $y=\Phi$. *Q.e.d.*

Wir schließen mit einem weiteren schönen Zusammenhang zwischen den Fibonacci-Zahlen und Φ.

THEOREM 6: *Die n-te Fibonacci-Zahl ist*

$$f_n = (\phi^n-(1-\phi)^n)/(2\phi-1).$$

BEWEIS: Im Beweis von Theorem 2 sahen wir, dass Φ wie $\tau=1-\Phi$ die Gleichung $x^2=x+1$ erfüllen. Wir folgern, dass $\Phi^2=1\Phi+1$, $\Phi^3=\Phi^2+\Phi=2\Phi+1$, $\Phi^4=\Phi^3+\Phi^2=3\Phi+2$. Durch Induktion folgt, dass $\Phi^n=f_n\ \Phi+f_{n-1}$ sowie $\tau^n=f_n\ \tau+f_{n-1}$. Ziehen wir die zweite Gleichung von der ersten ab, ergibt dies $\Phi^n-\tau^n=f_n(\Phi-\tau)=f_n(2\Phi-1)$. Teilen wir schließlich beide Seiten dieser Gleichung durch $2\Phi-1$, ergibt dies die gewünschte Formel. *Q.e.d.*

Da $(1-\Phi)^n=(-0{,}6180\ldots)^n$ sehr klein ist, ist die n-te Fibonacci-Zahl die nächste natürliche Zahl zu $\Phi^n / (2\Phi-1)$. Zum Beispiel ist $\Phi^{10} / (2\Phi-1) = 55{,}0036\ldots$, und die 10. Fibonacci-Zahl ist 55.

ANHANG III
Der Schein kann trügen

Einige Beweise dieser Sammlung, besonders die durch Zerlegen und die, die unendlich implizieren, lassen viele Details weg und versuchen nur im Prinzip zu zeigen, warum etwas wahr ist. Viele würden für Mathematiker nur dann als vollständige Beweise gelten, wenn mehr Details hinzugefügt würden. Hier eine Reihe berüchtigter Trugschlüsse, deren Argumente einigen der in diesem Buch verwendeten sehr ähneln.

$64 = 8 \cdot 8 =$ Quadratfläche
$=$ Rechteckfläche $= 13 \cdot 5 = 65$

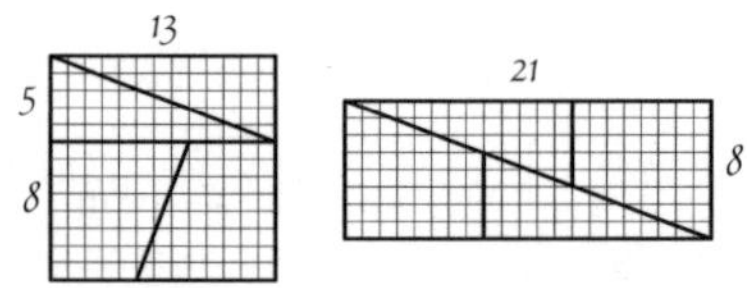

$169 = 13 \cdot 13 =$ Quadratfläche
$=$ Rechteckfläche $= 21 \cdot 8 = 168$

Zweifelhaftes Zerlegen: Der erste »Beweis« durch Zerlegen ergibt, dass $64 = 65$. Der Fehler: Der diagonale Schnitt im Rechteck ist eigentlich keine Linie, wie es die Zeichnung suggeriert, sondern ein sehr dünner viereckiger Schlitz. Dieser »Beweis« basiert wie der nächste auf dem Fakt, dass das Quadrat jeder Fibonacci-Zahl sich um 1 vom Produkt seiner beiden Nachbarn unterscheidet. Im ersten »Beweis« hat das Quadrat eine kleinere Fläche als das Rechteck, im zweiten ist es umgekehrt.

Unendlicher Unsinn: In *Von der Pizza zu Pi* sagten wir, die in einen Kreis eingeschriebenen regelmäßigen n-Ecke nähern sich ihm der Form nach an, ebenso wie ihre Umfänge dem des Kreises. Das ist wahr, erfordert aber einen Beweis, wie der folgende Trugschluss zeigt.

Dem Durchmesser des großen Halbkreises rechts nähern sich Reihen immer kleinerer Halbkreise an. Somit nähern sich deren Längen der Länge des Durchmessers an. Doch jede Reihe ist klar genauso lang wie der große Halbkreis. Daher ist ein Halbkreis genauso lang wie sein Durchmesser, oder $\pi = 1$.

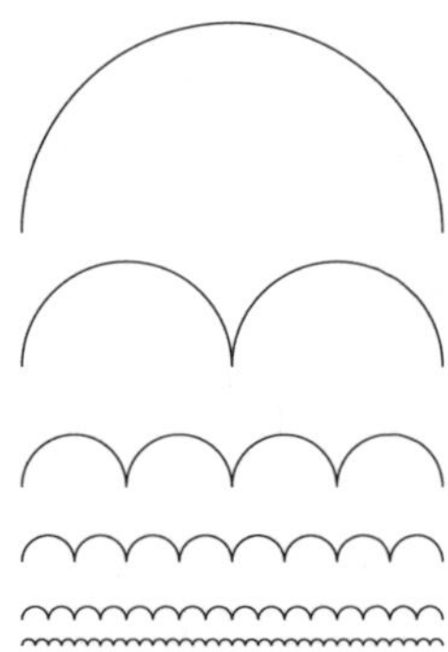

RISKANTE ROUTINE: In *Die unendliche Treppe* behandelten wir die folgende unendliche Summe wie eine endliche, um zu beweisen, dass sie unendlich ergibt.

$$1 + \tfrac{1}{2} + \tfrac{1}{3} + \tfrac{1}{4} + \tfrac{1}{5} + \tfrac{1}{6} + \tfrac{1}{7} + \tfrac{1}{8} + \tfrac{1}{9} + \tfrac{1}{10} + \tfrac{1}{11} + \tfrac{1}{12} + \cdots$$

Wir sollten jedoch vorsichtig sein. Die folgende ähnliche Summe etwa ergibt genau 0,6931… = ln 2, den natürlichen Logarithmus von 2.

$$1 - \tfrac{1}{2} + \tfrac{1}{3} - \tfrac{1}{4} + \tfrac{1}{5} - \tfrac{1}{6} + \tfrac{1}{7} - \tfrac{1}{8} + \tfrac{1}{9} - \tfrac{1}{10} + \tfrac{1}{11} - \tfrac{1}{12} + \cdots$$

Nur durch Umstellen dieser Summe können wir »beweisen«, dass $\ln 2 = \tfrac{1}{2}(\ln 2)$, oder $2 = 1$.

$$= (1 - \tfrac{1}{2}) - \tfrac{1}{4} + (\tfrac{1}{3} - \tfrac{1}{6}) - \tfrac{1}{8} + (\tfrac{1}{5} - \tfrac{1}{10}) - \tfrac{1}{12} + (\tfrac{1}{7} - \tfrac{1}{14}) - \cdots$$

$$= \tfrac{1}{2} - \tfrac{1}{4} + \tfrac{1}{6} - \tfrac{1}{8} + \tfrac{1}{10} - \tfrac{1}{12} + \tfrac{1}{14} - \cdots$$

$$= \tfrac{1}{2}(1 - \tfrac{1}{2} + \tfrac{1}{3} - \tfrac{1}{4} + \tfrac{1}{5} - \tfrac{1}{6} + \tfrac{1}{7} - \cdots$$

Schlimmer noch: Für jede reelle Zahl lässt sich beweisen, dass sich diese Summe zu einer Summe umstellen lässt, die diese Zahl ergibt. Natürlich bedeutet all das nicht, dass Sie mit unendlichen Ausdrücken nichts Sinnvolles anfangen können – Sie müssen sich nur an bestimmte Regeln halten.

KURIOSE KÖRPER: Viele Beweise, dass es exakt fünf reguläre Körper gibt, zeigen zuerst, wie wir es in der Einleitung taten, dass es im Prinzip fünf mögliche Ecken gibt, und enden mit der Konstruktion von fünf Körpern aus diesen Ecken. Diese Beweise sind unvollständig, da sie nicht die Einzigartigkeit dieser Körper aufzeigen. Stellen wir uns vor, wir bauen ein hohles Ikosaeder so, dass benachbarte starre Flächen an den Kanten Scharniere haben. Woher wissen wir, dass das Ergebnis starr ist? Für sich genommen kann jede Ecke verbogen werden, warum also nicht die ganze Form?

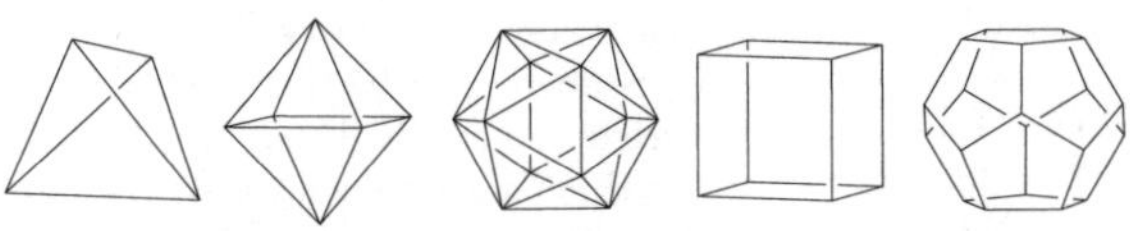

Hier eine verwandte Frage: Wenn Sie die Skelette dieser regulären Körper nur mit starren Kanten bauen, so dass benachbarte Kanten um eine gemeinsame Ecke verbogen werden können, welche Skelette sind dann starr und welche nicht?

ANHANG IV
Dreiecke der Verallgemeinerung

Komplexe Resultate sind selten auf einen Blick zu erkennen, sondern eher als Ergebnis eines zunehmenden Verallgemeinerungsprozesses. Hier skizzieren wir Teile eines solchen Prozesses anhand des Pascalschen Dreiecks und seines Verwandten, des Potenzdreiecks.

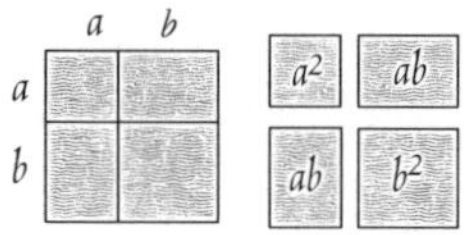

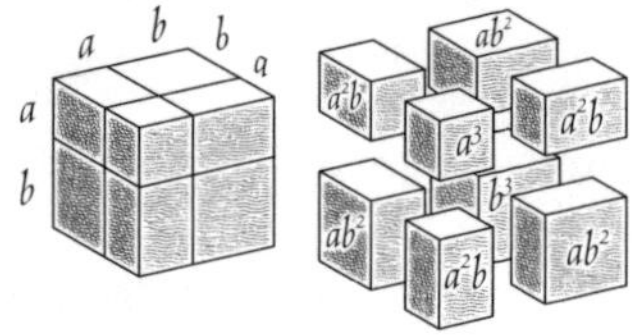

$(a+b)^2 = 1a^2 + 2ab + b^2$ $\qquad$ $(a+b)^3 = 1a^3 + 3a^2b + 3ab^2 + 1b^3$

Diese allgemeinen Formeln gelten für alle *a* und *b*. Und so leiten Sie eine allgemeine Formel für $(a+b)^n$ ab, die für alle *a* und *b* und jede natürliche Zahl *n* gilt.

1	$(a+b)^0 = 1$
1 1	$(a+b)^1 = 1a + 1b$
1 2 1	$(a+b)^2 = 1a^2 + 2ab + 1b^2$
1 3 3 1	$(a+b)^3 = 1a^3 + 3a^2b + 3ab^2 + 1b^3$
1 4 6 4 1	$(a+b)^4 = 1a^4 + 4a^3b + 6a^2b^2 + 4ab^3 + 1b^4$

Das Pascalsche Dreieck fasst die Formeln rechts zusammen. Können Sie beweisen, dass jeder Eintrag (außer der Spitze) die Summe der Zahlen direkt darüber ist?

$$\binom{0}{0}$$
$$\binom{1}{0} \binom{1}{1}$$
$$\binom{2}{0} \binom{2}{1} \binom{2}{2}$$
$$\binom{3}{0} \binom{3}{1} \binom{3}{2} \binom{3}{3}$$
$$\binom{4}{0} \binom{4}{1} \binom{4}{2} \binom{4}{3} \binom{4}{4}$$

Das Pascalsche Dreieck stimmt mit dem Dreieck links überein (siehe S. 27). Hier ist $\binom{n}{k}$ die Anzahl verschiedener Möglichkeiten, *k* Objekte unter *n* Objekten auszuwählen. Sie ist 1, wenn *k* 0 ist, sonst $n \cdot (n-1) \cdot (n-2) \ldots (n-k+1)/(1 \cdot 2 \cdot 3 \ldots k)$. Dies ergibt den berühmten binomischen Lehrsatz:

$$(a+b)^n = \binom{n}{0}a^n + \binom{n}{1}a^{n-1}b + \binom{n}{2}a^{n-2}b^2 + \ldots + \binom{n}{n}b^n$$

Viele allgemeine Aussagen stecken im Pascalschen Dreieck. Auf Seite 49 etwa sahen wir, dass seine n-te Diagonale die n-te Fibonacci-Zahl f_n ergibt. Wir drücken dies so aus:

$$f_n = \binom{n-1}{0} + \binom{n-2}{1} + \binom{n-3}{2} + \dots$$

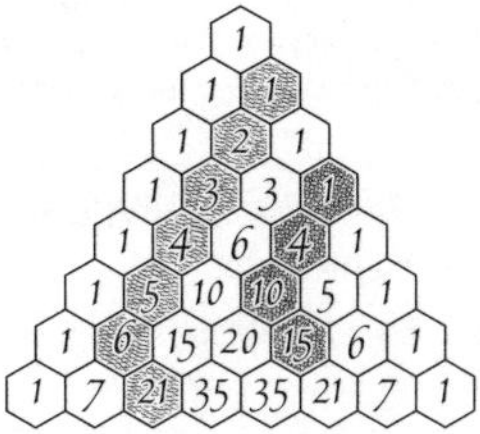

$1+2+3+4+5+6=21$

$1+4+10=15$

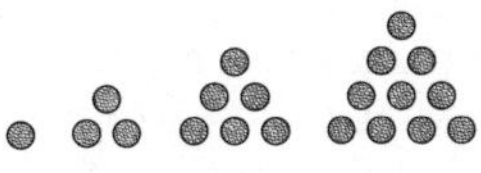

1 3 6 10

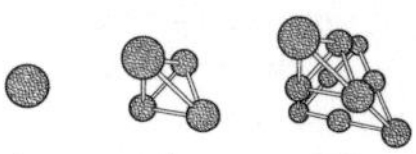

1 4 10

Die Struktur des Pascalschen Dreiecks führt rasch zum »Golfschläger-Theorem«. Wir heben ein golfschlägerförmiges Muster von Zahlen im Dreieck wie links hervor. Die Zahlen im Schlägergriff addieren sich zu der Zahl in der Spitze! Golfschläger mit Griffen an der äußeren linken Kolumne (weiß) ergeben die Formel:

$$1+1+1+\dots+1\ (n\text{-mal}) = \binom{n}{1} = n$$

Golfschläger mit Griffen in der zweiten Diagonale ergeben die Formel für die Summe der ersten n natürlichen Zahlen (siehe auch S. 38 und 40):

$$1+2+3+\dots+n = \binom{n+1}{2} = n(n+1)/2$$

Die Summen der dritten Diagonale heißen »Dreieckszahlen«, da sie die Anzahl der Kreise in den Dreiecksmustern (links) zählen. Folglich sind die Zahlen in der vierten Diagonale »Tetraederzahlen«. Allgemein gilt: Die Zahlen in Diagonale n im Pascalschen Dreieck sind die $(n-1)$-dimensionalen figurierten Zahlen.

Das Potenzdreieck (unten) umfasst die allgemeinen Formeln, die wir zum Teil auf Seite 40 bewiesen haben. Dieses Dreieck wächst wie das Pascalsche, nur muss man eine Zahl mit ihrer tiefer gestellten Zahl multiplizieren, bevor man sie addiert. Ein Beispiel in der vierten Reihe: $7 \cdot 2 + 12 \cdot 3 = 50$ und $12 \cdot 3 + 6 \cdot 4 = 60$.

1_1

$1_1 \quad 1_2$

$1_1 \quad 3_2 \quad 2_3$

$1_1 \quad 7_2 \quad 12_3 \quad 6_4$

$1_1 \quad 15_2 \quad 50_3 \quad 60_4 \quad 24_5$

$$1^0+2^0+3^0+\dots+n^0 = 1\binom{n}{1}$$

$$1^1+2^1+3^1+\dots+n^1 = 1\binom{n}{1} + 1\binom{n}{2}$$

$$1^2+2^2+3^2+\dots+n^2 = 1\binom{n}{1} + 3\binom{n}{2} + 2\binom{n}{3}$$

$$1^3+2^3+3^3+\dots+n^3 = 1\binom{n}{1} + 7\binom{n}{2} + 12\binom{n}{3} + 6\binom{n}{4}$$

$$1^4+2^4+3^4+\dots+n^4 = 1\binom{n}{1} + 15\binom{n}{2} + 50\binom{n}{3} + 60\binom{n}{4} \dots$$

ANHANG V
Polytope der Analogie

Dieses Buch begann mit den regelmäßigen zwei- und dreidimensionalen Polytopen, den regelmäßigen Polygonen und den Platonischen Körpern. Am Ende zeigen wir, wie man die Eigenschaften höherdimensionaler regelmäßiger Polytope durch Analogie erraten und beweisen kann.

Einfache Polytope: Mittels Koordinaten lässt sich leicht erkennen, dass Tetraeder, Würfel und Oktaeder folgende Eigenschaften im n-dimensionalen (oder n-d) Raum haben.

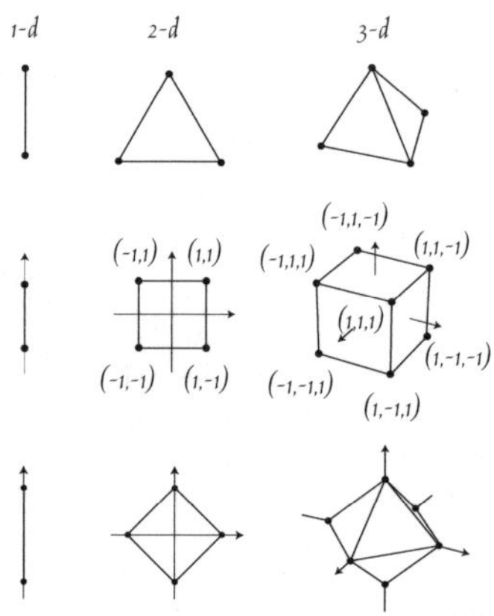

Das n-d *Simplex* hat $n+1$ Ecken, wobei zwei den gleichen Abstand haben. Ein 1-, 2-, 3-,… n-d Simplex wird von 2, 3, 4,…, $n+1$ Simplices mit einer Dimension weniger begrenzt.

Die Ecken eines n-d *Würfels* sind die Punkte mit allen Koordinaten 1 oder -1. Ein 1-, 2-, 3-, …, n-dWürfel hat 2, 4, 8, ..., 2^n Ecken und wird von $2n$ Würfeln mit einer Dimension weniger begrenzt. Der *Tesserakt* ist der 4-d Würfel.

Die Ecken des n-d *Kreuzpolytops* sind die 2n Endpunkte eines n-d Einheitskreuzes. Ein 1-, 2-, 3-, … , n-d Kreuzpolytop hat 2, 4, 6, … 2n Ecken und wird von 2, 4, 8,…, 2^n Simplices mit einer Dimension weniger begrenzt.

Klassifikation. Ludwig Schläfli (1814 – 1895) bewies, dass es außer Simplex, Würfel und Kreuzpolytop noch drei weitere regelmäßige Polytope in vier Dimensionen und drei in höheren Dimensionen gibt.

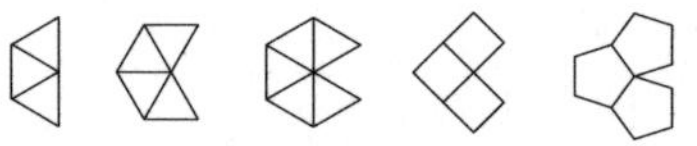

Simplex Kreuzpolytop Ikosaeder Würfel Dodekaeder

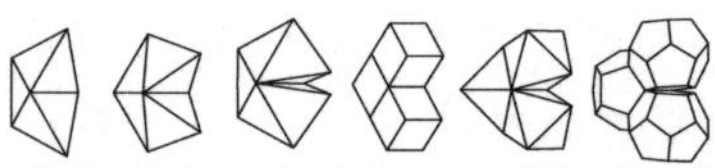

Simplex Kreuzpolytop 600-Zelle Tesserakt 24-Zelle 120-Zelle

Den regelmäßigen 3-d Polytopen entsprechen die fünf Methoden, mindestens drei identische 2-d Polytope um eine Ecke anzuordnen und in die dritte Dimension aufzufalten (siehe S. 6). Den regelmäßigen 4-d Polytopen entsprechen die sechs Methoden, mindestens drei identische regelmäßige 3-d Polytope um eine Ecke anzuordnen und in den 4-d Raum aufzufalten.

EIGENSCHAFTEN: Die regelmäßigen 3-d Polytope haben identische *Ecken,* 1-d *Kanten* und 2-d *Flächen.* Die regelmäßigen 4-d Polytope haben auch 3-d *Zellen.* Die Anzahl von E (Ecken), K (Kanten), F (Flächen), Z (Zellen), F/E (Flächen pro Ecke), Z/K (Zellen pro Kante) und Z/E (Zellen pro Ecke) ist:

3-d Polytop	Flächen	F	K	E	F/E
Tetraeder	**Dreieck**	**4**	**6**	**4**	**3**
Würfel	**Quadrat**	**6**	**12**	**8**	**3**
Oktaeder	**Dreieck**	**8**	**12**	**6**	**4**
Ikosaeder	**Dreieck**	**20**	**30**	**12**	**5**
Dodekaeder	**Fünfeck**	**12**	**30**	**20**	**3**

4-d Polytop	Zellen	Z	F	K	E	Z/K	Z/E
Simplex	**Tetraeder**	**5**	10	10	**5**	**3**	4
Tesserakt	**Würfel**	**8**	24	32	**16**	**3**	4
Kreuzpolytop	**Tetraeder**	**16**	32	24	**8**	**4**	8
24-Zelle	**Oktaeder**	24	96	96	24	**3**	6
120-Zelle	**Dodekaeder**	120	720	1200	600	**3**	4
600-Zelle	**Tetraeder**	600	1200	720	120	**5**	20

Die fett gedruckten Einträge sind leicht aus den Informationen auf Seite 62 sowie bei den 3-d Polytopen aus echten Modellen abzuleiten. Und so leitet man die Anzahl Z/E (Zellen pro Ecke) für die 4-d Polytopen durch Analogie ab:

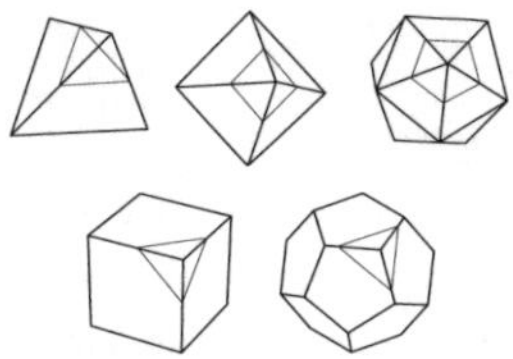

Ein Schnitt durch ein regelmäßiges 3-d Polytop nahe einer Ecke ergibt ein regelmäßiges Polygon, dessen Seiten die Schnitte der Flächen um die Ecke sind. Somit
Anzahl Polygonseiten $= F/E$ *des 3-d Polytops*

Ein Schnitt durch ein regelmäßiges 4-d Polytop nahe einer Ecke ergibt ein regelmäßiges 3-d Polytop, dessen Flächen die Schnitte der Zellen um die Ecke sind. Somit
Anzahl Flächen des 3-d Polytops $= Z/E$ *des 4-d Polytops*
F/E *des 3-d Polytops* $= Z/E$ *des 4-d Polytops*

Simplex *Kreuzpolytop* *600-Zelle*

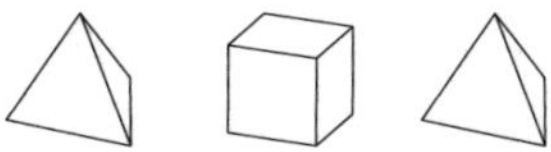

Tesserakt *24-Zelle* *120-Zelle*

Diese Beziehungen erlauben es, die Schnitte der verschiedenen 4-d Polytope rechts und damit auch ihr Z/E abzuleiten. Da zum Beispiel der 4-d Würfel einen Tetraederschnitt hat, hat er vier Zellen pro Ecke.

Die Namen der drei nicht standardgemäßen regelmäßigen 4-d Polytope enthalten die Anzahl ihrer Zellen, und bislang kennt man keine Methode, diese Anzahl auf einen Blick abzuleiten. Doch wenn wir diese Zahlen kennen, lässt sich der noch nicht behandelte Teil der 4-d Tabelle leicht ausfüllen – mit Hilfe einiger einfacher Beziehungen wie: (1) das 4-d Analogon von Eulers Polyedersatz $E+F-K-Z=0$ (siehe S. 50), (2) $F=Z \cdot$ Flächen pro Zelle/2 und schließlich (3) $K=Z \cdot$ Kanten pro Zelle/Zellen pro Kante.

Darstellung: Von einem Punkt außerhalb eines der Platonischen Körper, aber sehr nahe dem Zentrum einer seiner Flächen projiziert man das Skelett des Körpers auf diese Fläche. Das sich ergebende 2-d Bild enthält die meisten Informationen über den Körper.

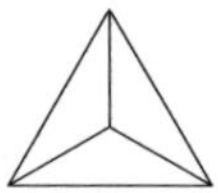

3-d Simplex

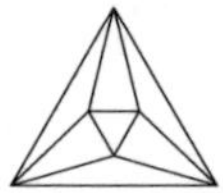

3-d Kreuzpolytop

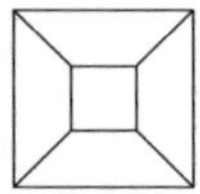

3-d Würfel

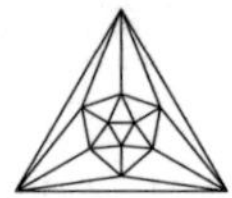

Ikosaeder

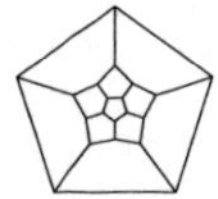

Dodekaeder

Führen wir diese Operation bei den regelmäßigen 4-d Polytopen durch, erhalten wir die folgenden 3-d Bilder. Dabei lassen sich die ersten drei Bilder zu den unteren ableiten. Die Projektionen der 120- und 600-Zelle sind zu komplex, um sie hier wiederzugeben.

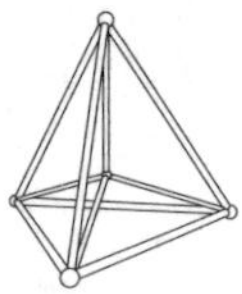

4-d Simplex

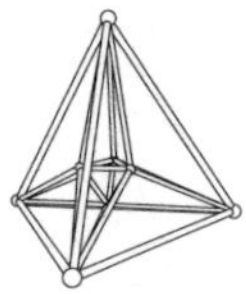

4-d Kreuzpolytop

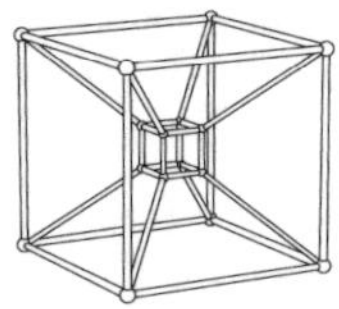

Tesserakt (4-d Würfel)

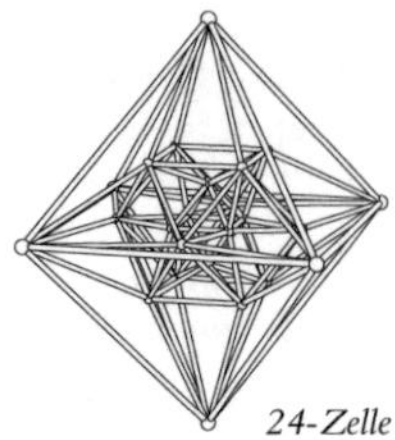

24-Zelle

Konstruktion: *n*-d Simplex, Kreuzpolytop und Würfel lassen sich leicht konstruieren, und daraus ergeben sich die anderen regelmäßigen Polytope. Auf Seite 47 konstruierten wir das Ikosaeder aus dem Oktaeder, und ein Dodekaeder lässt sich als »Dualkörper« in das Ikosaeder einschreiben (unten rechts), so dass die Mittelpunkte der Flächen des zweiten die Ecken des ersten sind. Dies ergibt alle Platonischen Körper.

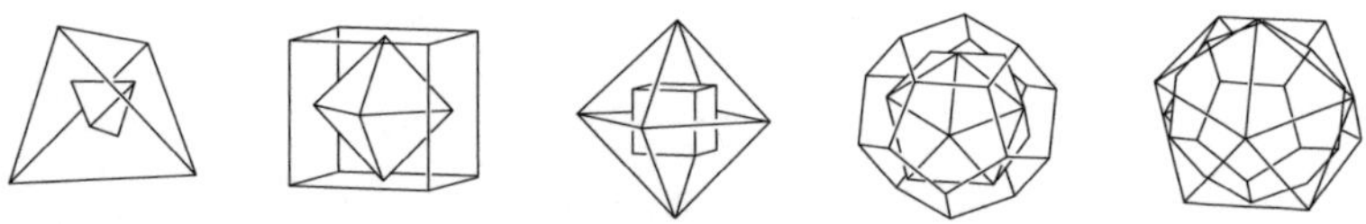

Dualitäten zwischen den Platonischen Körpern

Die Flächenmittelpunkte eines 4-d Würfels sind die Ecken einer 24-Zelle. Zerlegen wir seine Oktaederzellen (siehe S. 47), erhalten wir 96 Punkte und 24 Ikosaeder. Für jedes Ikosaeder gibt es einen Punkt in 4-d, der in Kantenlänge von allen Ecken des Ikosaeders entfernt ist. Dann sind die 24 Punkte, die dem Ikosaeder entsprechen, plus die 96 Punkte die Ecken einer 600-Zelle. Schließlich lässt sich eine 120-Zelle als Dualkörper in die 600-Zelle einschreiben (die Mittelpunkte der Zellen des zweiten sind die Ecken des ersten).